冶金工业出版社

普通高等教育“十四五”规划教材

冶金实验基础与技能训练教程

邓庚凤　曹才放　主编

北京
冶金工业出版社
2025

内容提要

本书是面向冶金工程专业本科生及相关领域研究生的实验教材，旨在帮助读者掌握冶金学的基础理论与实验技能。全书共5章，涵盖“物理化学”“冶金原理”“冶金过程及设备”“金属学与热处理”等核心课程的28个实验内容，系统介绍了实验方法、操作流程、数据处理和实验报告撰写的方法。书中结合经典与现代实验技术，详细阐述了冶金过程的热力学与动力学分析、冶金反应过程研究、金属材料组织结构表征及性能测试等内容。

本书内容系统全面，适合冶金工程专业本科生、研究生及相关领域研究人员使用，既可作为实验教学用书，也可为科研工作提供参考。

图书在版编目（CIP）数据

冶金实验基础与技能训练教程 / 邓庚凤，曹才放主编. -- 北京 ：冶金工业出版社，2025. 8. --（普通高等教育“十四五”规划教材）. -- ISBN 978-7-5240-0226-0

Ⅰ. TF-33

中国国家版本馆 CIP 数据核字第 2025XV9720 号

冶金实验基础与技能训练教程

出版发行	冶金工业出版社	**电　　话**	(010)64027926
地　　址	北京市东城区嵩祝院北巷 39 号	**邮　　编**	100009
网　　址	www. mip1953. com	**电子信箱**	service@ mip1953. com

责任编辑　王　双　美术编辑　吕欣童　版式设计　郑小利

责任校对　葛新霞　责任印制　范天娇

北京印刷集团有限责任公司印刷

2025 年 8 月第 1 版，2025 年 8 月第 1 次印刷

787mm×1092mm　1/16；8. 25 印张；198 千字；125 页

定价 39. 00 元

投稿电话　(010)64027932　投稿信箱　tougao@cnmip. com. cn

营销中心电话　(010)64044283

冶金工业出版社天猫旗舰店　yjgycbs. tmall. com

（本书如有印装质量问题，本社营销中心负责退换）

前　言

随着工业技术的不断进步，冶金工程在现代制造业中的地位越来越重要。为了培养具备扎实理论基础和实践动手能力的冶金工程专业人才，实验教学成为必不可少的一环。本书旨在为冶金工程专业的学生提供系统的实验指导，帮助他们掌握冶金基本技能。

本书的编写基于对冶金学科教学改革的深入研究，内容涵盖了“物理化学”“冶金原理”“冶金过程及设备”“金属学与热处理”等专业核心课程的相关实验；结合实际教学经验，教材内容包含了冶金过程中的基本实验技术和操作规范，力求通过实验让学生更好地理解理论知识与实际应用之间的联系。每个实验都附有详细的实验步骤、注意事项及数据处理方法，旨在培养学生的独立思考能力和解决实际问题的能力。本书注重理论与实践的结合，通过实验操作培养学生的动手能力，并引导学生在查阅文献和深入思考的基础上，自主设计实验方案，开展创新性研究。希望本书能够成为冶金专业学生学习的重要参考，也希望能够激发他们对冶金科学的热爱与探索精神，为他们未来的学习和工作打下坚实的基础。

本书是在江西理工大学材料冶金化学学部多位老师的共同努力下完成的，其中第一章由邓庚凤编写，第二章由邓庚凤和李金辉编写，第三章由邓庚凤和曹才放编写，第四章由熊辉辉、刘庆生和李勇编写，第五章由雷玄威、周晨阳、曾龙飞和李勇编写。全书由邓庚凤和曹才放统筹规划，并担任主编。感谢所有参与本书编写和审稿老师的努力和支持。

由于编者的水平所限，书中不足之处，敬请读者批评指正。

作　者

2025 年 3 月

前　言

目 录

第一章　绪　　论

一、课程简介

冶金基本技能实验是冶金工程专业的一门必修课。本教程是该课程的配套教材。本书内容涉及物理化学、冶金原理、冶金过程及设备、金属学与热处理等核心课程的实验基础与技能训练。作为一门综合性很强的实验课程，一方面要求学生运用经典的或现代的仪器设备对相关课题进行分析和研究，培养学生的动手能力，掌握实验设计、数据处理、实验报告编写的基本技能，巩固学生对上述课程的理解和掌握；另一方面，鼓励和引导学生在广泛查阅文献和充分思考和论证的前提下，自主设计实验方案，开展创新性实验，提高其分析和解决问题的能力。

二、课程教学目标

通过本实验课程教学，使学生巩固物理化学、冶金原理、冶金过程及设备、金属学与热处理等核心课程的专业知识，具备较强的动手能力和实验室安全意识，具备设计实验、实施实验、分析结果和撰写实验报告的基本技能。实验中注重提高学生的自主设计能力和自主创新能力，培养学生综合运用理论知识、方法和技能解决实际问题的能力。通过分组实验，培养学生沟通协作能力、组织协调和团队管理能力。通过实验报告撰写，培养学生文字表述能力和学术交流能力。

三、课程学习要求

（一）实验前——预习要求

（1）认真阅读本实验教程。

（2）明确实验目的，清楚实验需要解决的问题，理解实验原理，掌握实验方法。

（3）了解实验内容、步骤，熟悉基本操作、仪器使用和实验注意事项。

（4）查阅有关教材、参考书、手册，获得实验所需的相关化学反应方程式、常数等。

（5）言简意赅地编写预习报告（包括实验目的、实验原理、简单的操作步骤、反应方程式、数据记录表）。对于设计性实验，需要根据相关知识和原理写出实验的基本方案，保证实验顺利完成。

（二）实验中——实验过程要求

（1）提前进入实验室做好实验前的准备工作。携带实验教材、实验预习报告、笔记本电脑等。首先签到、穿好实验服，按实验分组到指定的实验台，检查实验所需的药品、仪器是否齐全，待指导教师讲解后，方可进行实验。

（2）按照实验教材上的方法、步骤、试剂用量和操作规程科学地进行实验。实验过程中要保持注意力高度集中，积极思考，在规定的时间内完成规定的实验内容，达到实验教学要求。

（3）按规定用量取用药品，取完药品后，必须及时盖好原瓶盖，放在指定地方的药品不得擅自拿走。实验操作必须规范，正确使用仪器和设备，节约使用药品、水、电。

（4）遇到问题首先要善于独立思考分析，力求自己解决，如果自己解决不了，可请教指导老师。

（5）实验过程中认真操作、仔细观察，并将实验现象和实验数据及时、如实地记录在报告册相应位置，确保实验结果的真实准确。

（6）实验中必须遵守教学纪律，不迟到，不早退，不得在实验中玩手机游戏，不准大声喧哗，不得到处乱走，不允许影响他人实验，严禁打闹。

（7）保持实验室整洁、卫生和安全。实验台上的药品、仪器应整齐排列，实验中注意保持实验室台面的清洁卫生。随时将实验中产生的废物、试纸、滤纸、碎玻璃等放入垃圾桶中。实验中产生的废液倒入专用的废液回收器中，统一回收处理。

（8）实验过程中要注意培养自己严谨的科学态度和实事求是的科学作风，决不能弄虚作假，随意修改数据。

（9）实验后要认真清扫地面，玻璃仪器清洗干净，整理台面，关闭水、电、门窗，经指导教师允许后方可离开实验室。

（三）实验后——报告撰写要求

（1）实验完毕，学生必须将原始记录交给老师审核并签字确认，然后正确处理数据，书写实验报告。

（2）要求每位参加实验的学生都要书写实验报告，以便及时总结和互相交流。

（3）实验报告一般包括实验目的、实验原理、实验仪器和实验条件、实验步骤、实验数据记录、实验结果处理、问题和讨论等部分。应注意事项如下：

1）实验目的应该用简单明了的文字说明所用实验方法及研究对象。

2）实验数据记录尽可能以表格形式表示，每一项标题应该简单、准确，不要遗忘某些实验条件的记录，比如室温、大气压等。

3）实验结果处理中应写明计算公式，标明已知常数的数值，注意各物理量的数值和单位。如果计算数据较多，最好也用表格形式表示，有时也可以将实验数据和结果处理合并为一个表格。使用 Excel 或 Origin 软件作图，同时注意标注横纵坐标的物理量和单位，以及图的名称。

4）问题和讨论部分需要分析实验可能的误差来源、解决措施，以及对实验改进的建议等。

（4）书写实验报告时要求开动脑筋、认真钻研、耐心计算、仔细撰写，千万不能粗枝大叶、字迹潦草、伪造实验数据和结果等。

第二章　物理化学实验

实验1　液体饱和蒸气压的测定

一、实验目的

(1) 掌握用等位计测定乙醇在不同温度下的饱和蒸气压。

(2) 学会用图解法求乙醇在实验温度范围内的平均摩尔蒸发焓与正常沸点。

二、实验原理

一定温度下，液体纯物质与其气相达平衡时的压力，称为该温度下纯物质的饱和蒸气压，简称蒸气压。

纯物质的蒸气压随温度的变化可用克拉贝龙方程表示：

$$\mathrm{d}p/\mathrm{d}T = \frac{\Delta_{\mathrm{vap}}H_{\mathrm{m}}}{T\Delta V_{\mathrm{m}}} \tag{1-1}$$

设蒸气为理想气体，在试验温度范围内摩尔蒸发焓 $\Delta_{\mathrm{vap}}H_{\mathrm{m}}$ 可视为常数，并略去液体的体积，将式（1-1）积分得克劳修斯-克拉贝龙方程：

$$\ln(p/\mathrm{Pa}) = -\Delta_{\mathrm{vap}}H_{\mathrm{m}}/(RT) + \mathrm{C} \tag{1-2}$$

由式（1-2）可见，实验测定不同温度 T 下的饱和蒸气压 $p(\mathrm{Pa})$，以 $\ln(p/\mathrm{Pa})$ 对 $1/(T/\mathrm{K})$ 作图，得一条直线，求得直线的斜率 m 和截距 C，则乙醇的平均摩尔蒸发焓为：

$$\Delta_{\mathrm{vap}}H_{\mathrm{m}} = -mR \tag{1-3}$$

习惯上把液体的蒸气压等于 100 kPa 时的沸腾温度定义为液体的正常沸点，由式（1-2）还可以求算乙醇的正常沸点。

本实验采用静态法直接测定乙醇在一定温度下的蒸气压。

由 $\Delta_{\mathrm{vap}}H_{\mathrm{m}}$ 可求出标准沸点时的其他热力学参数，如：

$\Delta_{\mathrm{vap}}S_{\mathrm{m}} = \Delta_{\mathrm{vap}}H_{\mathrm{m}}/T$，$\Delta_{\mathrm{vap}}U_{\mathrm{m}} = \Delta_{\mathrm{vap}}H_{\mathrm{m}} - RT$，$\Delta_{\mathrm{vap}}A_{\mathrm{m}} = -RT$，而 $\Delta_{\mathrm{vap}}G_{\mathrm{m}} = 0$。

三、实验试剂和仪器

试剂：无水乙醇（A. R）。

仪器：饱和蒸气压教学实验仪 1 套、恒温水槽 1 套、真空稳压包 1 个、稳压瓶 1 个、安全瓶 1 个。

目前实验室常用的有两种类型的装置，如图 1-1 所示。

四、实验步骤

(1) 读取室温及大气压。

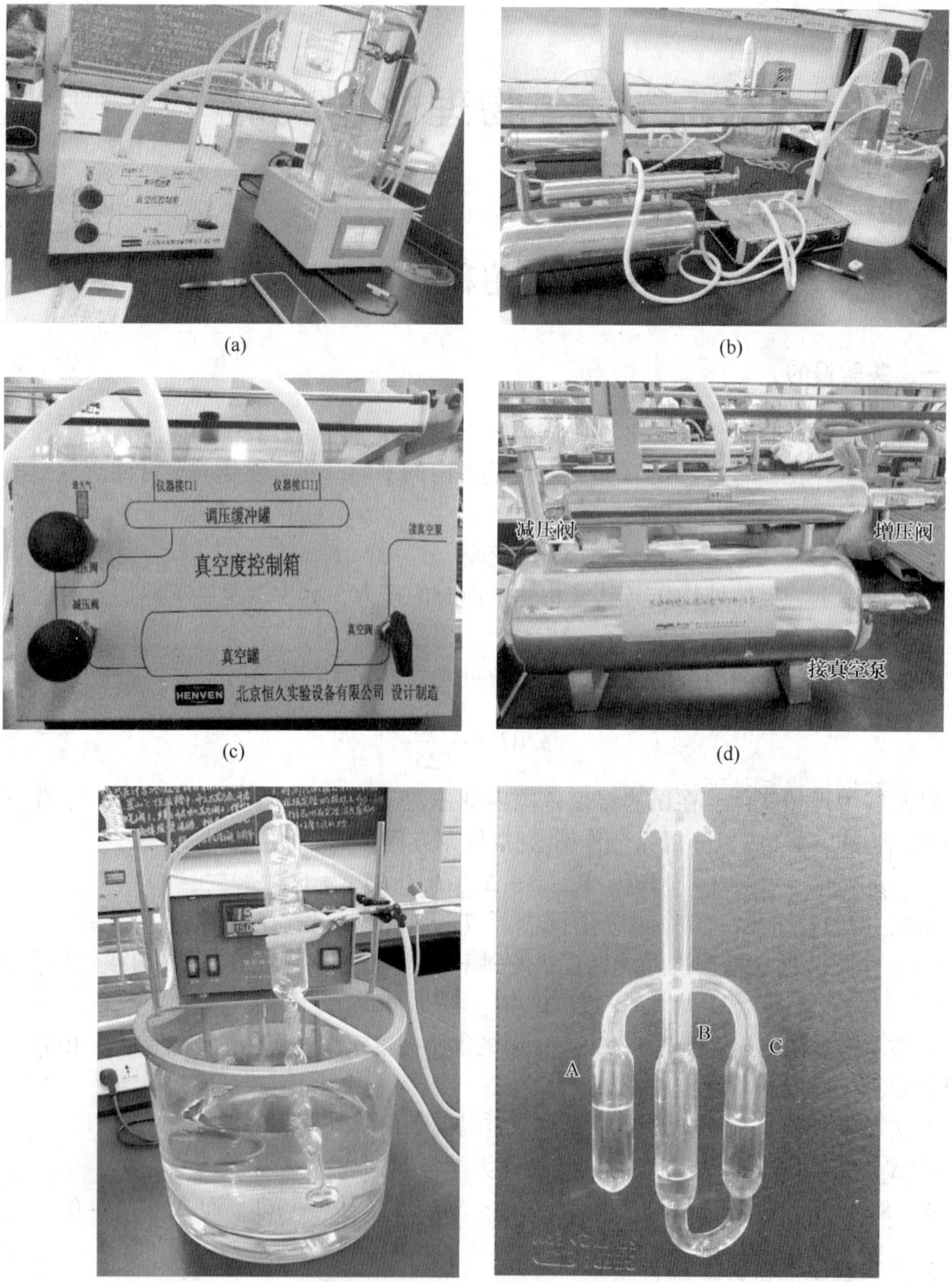

图 1-1　液体饱和蒸气压测定装置

(a) 装置 1；(b) 装置 2；(c) 装置 1 的稳压包；(d) 装置 2 的稳压包；(e) 等位计；(f) 平衡管

(2) 装样。将等位计内装入适量待测液体乙醇，如图 1-1 (e) 所示。

(3) 教学仪器置零。打开教学仪器电源，预热 5 min，选择开关打到“kPa”，按下面板上的置零键，显示值为 00. 00 数值（大气压被视为零值）。

(4) 系统气密性检查。除了真空泵前的安全瓶活塞通大气外，其余活塞都关上，接通真空泵电源，关闭与真空泵连接的安全瓶活塞，开始抽真空。抽气减压至压力显示 −53~−40 kPa 时，关闭三通活塞，使系统与真空泵、大气皆不相通。观察压力示数，如果压力的示数能在 3~5 min 内维持不变或显示数字下降小于 0.01 kPa/s，表明系统不漏气，否则应逐段检查，消除漏气原因。

（5）排除球管上方空间内的空气。打开恒温水槽电源，设定温度为 25 ℃，接通冷凝水，同时调节搅拌器匀速搅拌，先用真空泵将稳压包抽真空，再用真空稳压包控制等位计的抽气速度，抽气减压气泡的速度以一个一个地逸出为宜，至液体轻微沸腾 3~5 min（压力显示约−94 kPa），排除 AC 管中空气。

（6）饱和蒸气压的测定。当空气被排除干净，且体系温度恒定后，旋转稳压瓶上的增压阀或减压阀（见图 1-1（f），若 B 管液面高于 C 管液面，则要增压，反之，则要减压），调至等位计 B、C 管中液面平齐，记录此时的温度与压力。然后，将恒温槽温度升高 5 ℃，当待测液体再次沸腾，体系温度恒定后，再次旋转增压阀或减压阀使 B、C 管液面再次平齐，记录温度和压力。依次测定，共测 5 个值。升高温度间隔为 5 ℃。

（7）沸点的测定。通大气放入空气，升温，当 p 为大气压时，测定 B、C 管液面再次平齐时的温度。

（8）实验结束。实验结束后，再读一次大气压。关闭电源，打开真空稳压包上中间的阀门，向体系中放入空气，待等位计内乙醇冷却后，关掉冷凝器的冷却水。整理好仪器装置，但不要拆装置。

五、数据记录与处理

（一）实验数据记录

实验数据记录在表 1-1 中。

表 1-1　不同温度时乙醇的蒸气压

室温＿＿＿＿＿＿＿＿　大气压（实验前）＿＿＿＿＿＿

大气压（实验后）＿＿＿＿　大气压（平均值）＿＿＿＿＿＿

t/℃					
$\frac{1}{T}/\times10^3\ K^{-1}$					
Δp/kPa					
p/kPa					
$\ln(p/kPa)$					
$\Delta_{vap}H_m/kJ\cdot mol^{-1}$					
乙醇沸点 T/K					
$\Delta_{vap}S_m/kJ\cdot mol^{-1}$					
$\Delta_{vap}U_m/kJ\cdot mol^{-1}$					
$\Delta_{vap}A_m/kJ\cdot mol^{-1}$					

注：p 为乙醇的饱和蒸气压，$p = p_{(大气压)} - |\Delta p|$。

（二）实验数据处理

实验数据处理示例见表 1-2。

表 1-2 不同温度时乙醇的蒸气压

室温 20. 3 ℃　　大气压（实验前）101. 69 kPa

大气压（实验后）101. 66 kPa　　大气压（平均值）101. 675 kPa

t/℃	25	30	35	40	45
$\frac{1}{T}$/K^{-1}	3.354×10^{-3}	3.299×10^{-3}	3.245×10^{-3}	3.191×10^{-3}	3.143×10^{-3}
Δp/kPa	−91. 42	−87. 56	−83. 82	−79. 75	−75. 18
p/kPa	10. 255	14. 115	17. 855	21. 925	26. 445
ln(p/kPa)	2. 328	2. 647	2. 882	3. 088	3. 275
$\Delta_{vap}H_m$/kJ · mol^{-1}	37. 082				

以 ln(p/kPa) 对 $10^3/(T/K)$ 作直线，如图 1-2 所示。

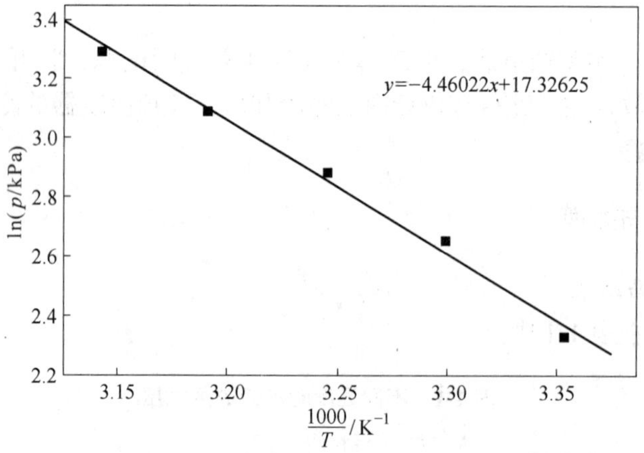

图 1-2 ln$p$-1000/T 图

由图 1-2 可知，直线的斜率 $m=-4.46022$，截距 $C=17.32625$。

已知乙醇摩尔蒸发焓 = 42. 59 kJ/mol，乙醇正常沸点为 78. 4 ℃。因此可得：

（1）乙醇的平均摩尔蒸发焓

$$\Delta_{vap}H_m=-mR=-(-4.46022)\times8.314=37.082\ \text{kJ/mol}$$

蒸发焓相对误差 = (42. 59−37. 082)/42. 59×100% = 12. 93%

（2）如实验测得 p 为大气压时，T = 77. 92 ℃

则沸点的相对误差 = (78. 4−77. 92)/78. 4×100% = 0. 61%

六、结果与讨论

（一）误差分析

蒸发焓计算的误差比较大的可能原因：

（1）空气未排除干净，使乙醇蒸气不纯，因此测出的蒸发焓存在着误差。

（2）抽气和放气的速度太快，C管中的液体被抽掉或C管中的液体倒流到A管。

（3）调平衡时观察产生的误差，读数时系统没有完全平衡。

（二）注意事项

（1）抽真空前后，与真空泵连接的安全瓶，都要通大气。

（2）严格控制抽真空速度，不可过快。观察B管气泡不要成串。

（3）实验结束后，一定要用真空稳压包上中间阀门缓慢通大气，防止封闭液过多流入A（见图1-1（f））内。

七、思考题

1-1　系统漏气会给实验结果带来什么影响？

1-2　汽化热与温度有无关系，克劳修斯-克拉贝龙方程在什么条件下才能应用？

1-3　如果水中含有可发挥的杂质时，其蒸气压是偏大还是偏小，含不挥发的杂质时又会怎样？

实验 2　燃烧热的测定

一、实验目的

（1）用氧弹式量热计测定萘和蔗糖的燃烧热，通过实验操作掌握有关热化学实验的一般知识和测量技术，了解氧弹式量热计的原理、构造和使用方法。

（2）明确燃烧热的定义，了解恒压燃烧热与恒容燃烧热的区别。

（3）学会应用雷诺图解法校正温度改变值。

（4）掌握高压钢瓶的有关知识并能正确使用。

二、实验原理

燃烧热是指 1 mol 物质完全氧化时的热效应。燃烧热可在恒容或恒压的情况下测定。在恒容条件下测得的燃烧热为恒容燃烧热（Q_V），恒容燃烧热等于这个过程的内能变化（ΔU）。在恒压条件下测得的燃烧热称为恒压燃烧热（Q_p），恒压燃烧热等于这个过程的焓变（ΔH）。若把参加反应的气体和反应生成的气体作为理想气体处理，则存在下列关系式

$$Q_p = Q_V + \Delta nRT \tag{2-1}$$

式中　Δn——反应前后生成物与反应物中气体的物质的量之差；

R——气体摩尔常数；

T——反应的热力学温度，K（可取反应前后温度的平均值）。

本实验所用氧弹式量热计为恒容量热计，测得的为恒容燃烧热 Q_V，而一般的热化学计算中常用的数据为恒压热效应 Q_p，所以需要通过式（2-1）由 Q_V 来求得 Q_p。

氧弹式量热计的基本原理是能量守恒定律。样品完全燃烧所释放的能量使量热计本身及周围介质（本实验用水，内筒中装有 2600 mL 水）温度升高。通过测定燃烧前后介质温度的变化值，就可以求算该样品的恒容燃烧热 Q_V，其关系式如下：

$$-\frac{m}{M}Q_{V样品} - Q_{点火丝}L_{点火丝} = W\Delta T \tag{2-2}$$

式中　m——待测物质的质量；

M——待测物质的相对分子质量；

$Q_{点火丝}$——点火丝的单位长度燃烧热；

$L_{点火丝}$——点火丝的实际燃烧长度；

ΔT——样品燃烧前后量热计温度的变化值；

W——量热计（包括量热计中的水）的水当量，它表示量热计（包括介质）每升高 1 ℃所需吸收的热量。

量热计的水当量可以通过已知燃烧热的标准物质（如苯甲酸，25 ℃时它的恒容燃烧热 Q_V=-26446 J/g，相当于-3232.76 kJ/mol）来标定。一般来说，对不同样品，只要每次的水量相同，水当量就是定值。

氧弹是一个特制的不锈钢容器。全套设备如图 2-1 所示，图 2-2 所示为氧弹的构造，

图 2-3 所示为氧弹式量热计实物图。为了保证样品在其中完全燃烧，氧弹中须充以高压氧气（或其他氧化剂），因此要求氧弹密封、耐高压、抗腐蚀。

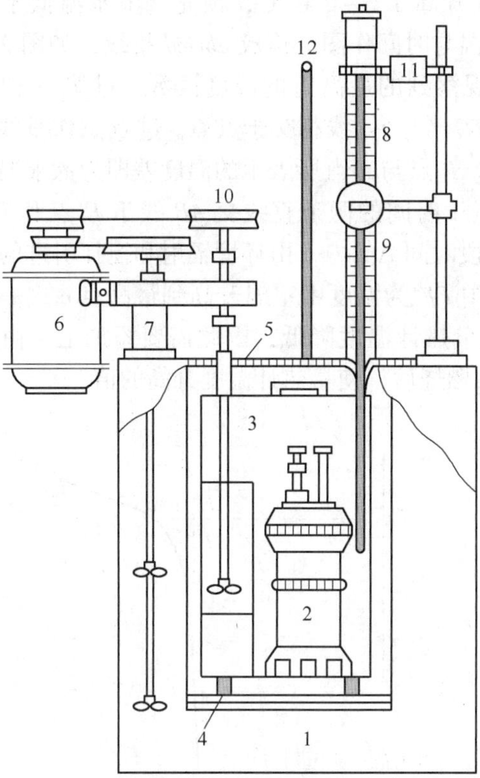

图 2-1　氧弹式量热计

1—恒热夹套；2—氧弹；3—量热容器；4—绝热垫片；5—隔热盖盖板；6—马达；7，10—搅拌器；8—伯克曼温度计；9—读数放大镜；11—振动器；12—温度计

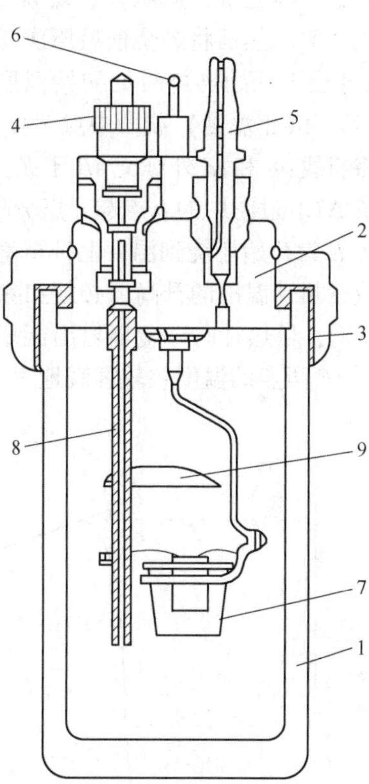

图 2-2　氧弹的构造

1—厚壁圆筒；2—弹盖；3—螺帽；4—进气孔；5—排气孔；6—电极；7—燃烧皿；8—电极（也是进气管）；9—火焰遮板

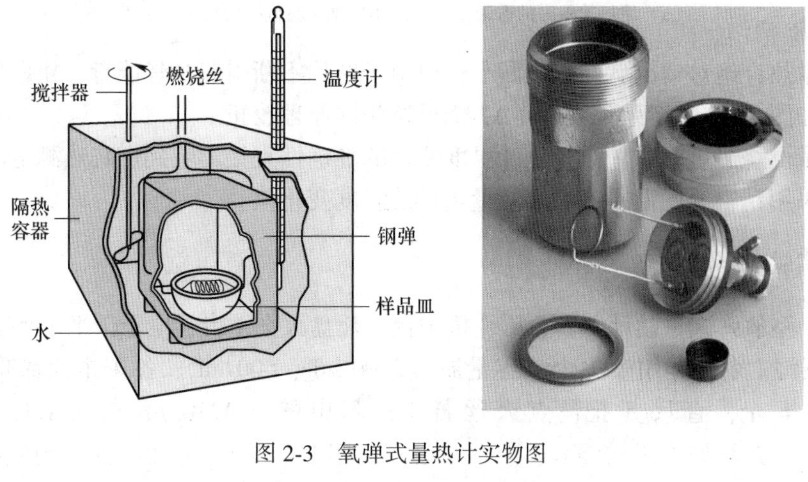

图 2-3　氧弹式量热计实物图

在实验的过程中，由于搅拌机搅拌带入一部分热量，同时量热计和周围环境的热交换无法避免，因此不能直接测出初温和最高温度，需要采用雷诺温度校正图进行校正。校正方法如下：称适量待测物质，燃烧后使水温升高 1.5~2.0 ℃，预先调节水温低于室温 0.5~1.0 ℃，然后将燃烧前后历次观察的水温与时间作图，连成 *abOcd* 折线，如图 2-4 所示。*b* 相当于开始燃烧时的初始温度，*c* 为观察到的最高点的温度读数，过 T_1（初始温度）、T_2（终止温度）线段中点 *T* 作水平线 *TO*，与 *T-t* 线相交于点 *O*，过 *O* 点作垂线 *AB*，然后将折线 *ab* 和 *cd* 外延交 *AB* 于 *E*、*F* 两点。*E* 点与 *F* 点所表示的温度差即为欲求温度的升高值 ΔT。过图中的 *b* 点与 *c* 点分别作平行于时间的两条直线交 *AB* 线于 E' 点和 F' 点，图中 $E'E$ 为开始燃烧到温度上升至室温这一段时间 Δt_1 内，由环境辐射和搅拌引进的能量而造成量热计温度的升高，必须扣除之。图中 FF' 为温度由室温升高到最高点 *c* 这一段时间 Δt_2 内，量热计向环境辐射出能量而造成量热计温度降低，因此需要添加上。由此可见，*E*、*F* 两点的温度差较客观地表示了样品燃烧后，使量热计温度升高的值。

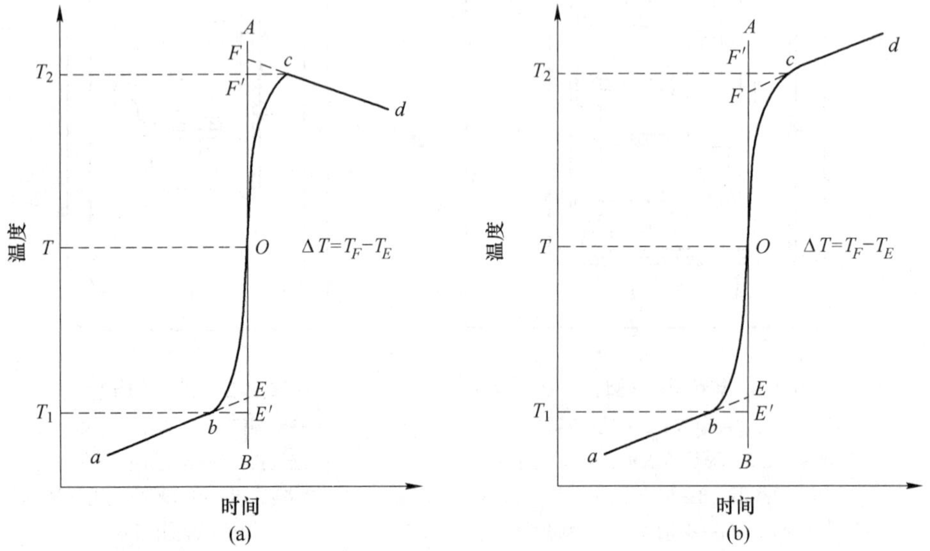

图 2-4　雷诺校正图

（a）绝热较差时的雷诺校正图；（b）绝热良好时的雷诺校正图

有时量热计绝对情况良好，热漏小，但由于搅拌不断引起少量能量，使燃烧后最高点不出现，如图 2-4（b）所示，这时 ΔT 仍可按相同原理校正。

在测量燃烧热过程中，对量热计温度测量的准确性直接影响到燃烧热测定的结果，所以本实验采用精密温度温差仪来测量量热计的温度变化值。

三、实验仪器与试剂

BH-6S 型氧弹式量热计 1 套，压片机 1 台，托盘天平 1 台，电子天平 1 台，氧气钢瓶 1 个，减压阀 1 个，万用表 1 个，容量瓶（2000 mL、500 mL）各 1 个，量筒（50 mL、10 mL）各 1 个，直尺 5 把，点火丝若干；苯甲酸（A. R. ），萘（A. R. ）和蔗糖（A. R. ）。

四、实验步骤

(一) 量热计常数 (水当量) 的测定

1. 样品压片

(1) 将氧弹的内壁和电极下端的不锈钢接线柱擦干净。

(2) 取约 15 cm 长的燃烧丝，称重为 $m_{丝}$，将其中部绕成螺旋状，可以在签字笔芯上绕制后退出来；燃烧丝直径规格：镍铬丝 0.1 mm。

(3) 燃烧丝两端穿过压模底座上两个小孔，中间螺旋部分留在压模底座上面部分，将压模小心放置在压模底座上。

(4) 用天平称取 0.7~0.8 g 已经磨细的待测 (苯甲酸) 样品，倒入装好燃烧丝的压模中。

(5) 调整好压片杆，使压片杆自然垂直。

(6) 片压好后，再次在电子天平上精确称量 $m_{丝+样}$，减去燃丝的质量 $m_{丝}$ 即得到样品的质量 $m_{样}$，然后装入不锈钢坩埚。

2. 装置氧弹

取出氧弹，用放气阀按在氧弹头上，确认放气后拧开氧弹杯盖。

把氧弹的弹头放在弹头架上，将装有样品的坩埚放入坩埚架上，把燃烧丝的两端分别卡入在氧弹头中的两根电极上，往下用电极上不锈钢环套压住。(注意：两电极与坩埚不能相碰。)

3. 充氧气

使用高压钢瓶时必须严格遵守操作规则。打开钢瓶上的阀门及减压阀缓缓进气，开始先充入少量氧气 (约 0.5 MPa)，然后开启出口放气，赶走弹中空气，重复两次，第三次充入氧气约 1.5 MPa 保持 30 s 后关好减压阀，用万用表检查两电极是否通路。若通路则把氧弹平稳地放入内筒中。

4. 调节水温

将量热计外筒内注满水，缓慢搅动，打开精密温度温差仪的电源，并将其传感器插入外筒水中测其温度。再用筒取适量自来水，测其温度，如温度偏高或相平则加冰调节水温使其低于外筒水温 1 ℃左右。用容量瓶和量筒量取 2600 mL 水注入内筒，水面刚好盖过氧弹。如氧弹有气泡逸出，说明氧弹漏气，寻找原因并排除。盖好盖子，同时将传感器插入内筒水中，开动搅拌器。此时仪器正常应显示为“允许点火”，若显示为“电火断路”，则要寻找原因并排除。

5. 点火

打开温度控制器的电源，待温度变化基本稳定后测定水的温度。然后开始读点火前初期阶段的温度，相当于图中的 *ab* 段，每隔 1 min 读一次，直到两次读数之差的绝对值小于 0.003 时，读数完毕，立即按“点火”键点火，点火后显示器上正常出现“电火断路”。若水温上升很快，则点火成功，进入反应期 (主期)，相当于图中的 *bc* 段，此时每隔 0.5 min 读数一次，至最高温度后开始下降时为反应的末期，相当于图中的 *cd* 段，每隔 1 min 读一次，读取 10 次便可停止实验。

注意：水温没有上升，说明点火失败，应关闭电源，取出氧弹，放出氧气，仔细检查点火丝及连接线，找出原因并排除。

6. 检查是否燃烧完全

停止实验后关闭搅拌器，取下传感器，打开量热计盖，取出氧弹并将其擦干，打开放气阀缓慢放气。放完气后，拧开弹盖，检查燃烧是否完全，若弹内有炭黑或未燃烧物时，则应认为实验失败。若燃烧完全，则将燃烧后剩下的点火丝取下并量取长度为 $L_{剩}$。最后倒去内筒中的水，用毛巾擦干全部设备，以待进行下次实验。

（二）未知物燃烧热的测定

1. 萘的燃烧热（Q_V）的测定

称取约 1.0 g 萘代替苯甲酸，按上步实验量取相同量水，更换内筒中的水，以使每次测量反应的初始温度相同，其他操作与苯甲酸燃烧热测量相同。

2. 蔗糖的燃烧热（Q_V）的测定

称取约 0.6 g 蔗糖代替萘，其他操作同萘测定。

五、注意事项

（1）待测样品需要干燥，受潮样品不易燃烧且称量有误。

（2）保证样品完全燃烧是本实验成功的关键。注意样品的紧实程度，太紧不易燃烧，太松容易裂碎。应保证点火丝接触良好。

（3）氧气瓶在开总阀前要检查减压阀是否关好，实验结束后要关上钢瓶总阀，注意排除余气，使指针回零。

（4）在燃烧第二个样品时，需再次调节水温。

（5）在氧弹内装有 10 mL 水，确保氧弹使用安全。

（6）注意整个反应过程中记录的温度与时间的关系。

六、数据记录与处理

实验数据记录在表 2-1 中。

表 2-1　实验数据记录表

苯甲酸体系：　$m_{丝}$ =______　$m_{丝+样}$ =______　$m_{样}$ =______　$L_{点火丝}$ =______

萘体系：　$m_{丝}$ =______　$m_{丝+样}$ =______　$m_{样}$ =______　$L_{点火丝}$ =______

蔗糖体系：　$m_{丝}$ =______　$m_{丝+样}$ =______　$m_{样}$ =______　$L_{点火丝}$ =______

（$L_{点火丝}$ = 初始长度 − 剩余长度 = 15 cm − $L_{剩}$）

反应时期	时间/min	苯甲酸体系温度 T/℃	时间/min	萘体系温度 T/℃	时间/min	蔗糖体系温度 T/℃
初期阶段						

续表 2-1

反应时期	时间/min	苯甲酸体系温度 T/℃	时间/min	萘体系温度 T/℃	时间/min	蔗糖体系温度 T/℃
初期阶段						
主期阶段						
末期阶段						
处理结果	苯甲酸温差变化 ΔT		萘温差变化 ΔT		蔗糖温差变化 ΔT	
	水当量 W		萘恒容燃烧热 Q_V		蔗糖恒容燃烧热 Q_V	
	萘恒压燃烧热 Q_p		萘摩尔燃烧焓 $\Delta_c H_m$		蔗糖摩尔燃烧焓 $\Delta_c H_m$	

（1）在 298.2 K 时，苯甲酸的燃烧热 $Q_V=-26446$ J/g $=-3232.76$ kJ/mol，点火丝的燃烧热 $Q_{点燃}=3.1$ J/cm。

（2）若用贝克曼温度计测定反应的温度变化，则用雷诺图解法求出苯甲酸燃烧前后引起量热计温度变化的温差 ΔT，计算水当量 W 值。

（3）根据实验记录数据，计算出样品的恒容燃烧热 Q_V，再由恒容燃烧热 Q_V 换算成恒压燃烧热 Q_p，即可算出摩尔燃烧焓 $\Delta_c H_m$。

七、思考题

2-1　说明恒容热效应（Q_V）和恒压热效应（Q_p）的相互关系。

2-2　在这个实验中，哪些是体系，哪些是环境，实验过程中有无热损耗，这些热损耗对实验结果有何影响？

2-3　加入内筒中水的温度为什么要选择比外筒水温低，低多少合适，为什么？

2-4　实验中，哪些因素容易造成误差，提高实验的准确度应从哪些方面考虑？

八、拓展阅读

（1）在精确测量中，点火丝的燃烧热和氧气中含氮杂质氧化所产生的热效应等都应从总热量中扣除。前者可将点火丝在实验前称重，燃烧后小心取下，用稀盐酸浸洗，再用水洗净、吹干后称重，求出燃烧过程中失重的量（燃烧丝的热值为 6695 J/g）。后者可用 0.1 mol/L NaOH 溶液滴定洗涤氧弹内壁的蒸馏水（在燃烧前先在氧弹中加入 0.5 mL 水），每毫升 0.1 mol/L NaOH 溶液相当于 5.983 J（放热），从而可计算出氧气中含氮杂质氧化所产生的热效应。

（2）对其他热效应的测量（如溶解热、中和热、化学反应热等）可用普通杜瓦瓶作为量热计，也可用已知热效应的反应物先求出量热计的热容，然后对未知热效应的反应进行测定。对于吸热反应，可用电热补偿法直接求出反应热效应。

实验 3　二元合金相图的绘制与应用

一、实验目的

（1）理解步冷曲线，学会用热分析方法测绘 Pb-Sn 二元合金相图。

（2）学会铂电阻的测温技术，尝试用金属相图测量装置测量温度的方法。

（3）掌握微电脑控制器的使用方法。

（4）理解产生过冷现象的原因及避免产生过冷现象的方法。

二、基本原理

相图是用几何图形来表示多相平衡体系中有哪些相、各相的成分如何、不同相的相对含量，以及它们随浓度、温度、压力等变量变化的关系图。对蒸气压较小的二组分凝聚体系，常以温度-组成图来描述。

热分析方法是绘制相图常用的基本方法之一。将两种金属按一定比例配成并把它加热成均匀的液相体系，然后让它在一定的环境中自行冷却，并每隔一定的时间（如 0.5 min 或 1 min）记录一次温度，以温度 T 为纵坐标，以时间 t 为横坐标，作出温度-时间（T-t）曲线，称为步冷曲线。若体系均匀冷却时，冷却过程不发生相变化，则体系的温度随时间的变化是均匀的，则步冷曲线不出现转折或平台，而是一条直线，冷却速度快。若冷却过程中发生了相变化，由于相变化过程中伴随有热效应，发生相变热，因此体系温度随时间的变化速度将发生改变，体系的冷却速度减缓，步冷曲线就出现转折或平台。测定一系列组成不同的样品的步冷曲线，从曲线上找出各相对应体系发生相变的温度，就可以绘制出被测系统的相图。这就是用热分析法绘制液固相图的概要，如图 3-1 所示。

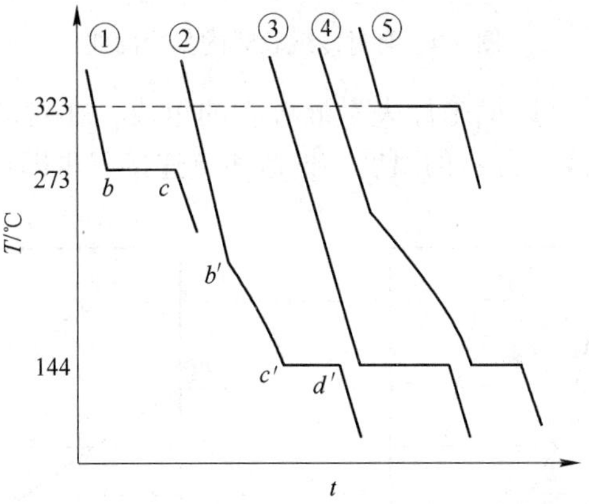

图 3-1　二元合金步冷曲线

曲线①和⑤分别是纯物质 A 和 B 的步冷曲线。当系统从高温冷却时，开始没有发生相变化，温度下降比较快，步冷曲线较陡；冷却到 A 的熔点时，固体 A 开始析出，系统出现两相平衡（固体 A 和溶液平衡共存），根据相律，此时 $f = K - Ø + 1 = 1 - 2 + 1 = 0$，系统温度维持不变，步冷曲线出现 bc 的水平线段；直到液相完全凝固后，温度又继续下降。

曲线②和④是 A 与 B 组成的混合物的步冷曲线。与纯物质的步冷曲线不同。系统从高温冷却到温度 b'时，开始有固体 A 不断析出，这时体系呈两相，溶液中含 A 的量随之减少，由于不断放出凝固热，所以温度下降速度变慢，曲线的斜率变小（$b'c'$段）。当体系温度到达低共熔温度 c'时，固体 A、B 与最低共熔点组成的溶液三相平衡共存，根据相律，$f = K - \varnothing + 1 = 2 - 3 + 1 = 0$，系统温度维持不变，步冷曲线出现水平线段 $c'd'$，直到液相完全凝固后，温度又继续下降。

曲线③是表示其组成恰为最低共熔混合物的步冷曲线，其图形与纯物质的步冷曲线相似，但在水平段对应的温度时，系统是三相平衡共存。

对纯净金属或由纯净金属组成的合金，当冷却十分缓慢、又无振动时，有过冷现象出现。液体的温度可下降至比正常凝固点更低温度才开始凝固，固相析出后又逐渐使温度上升到正常的凝固点。

图 3-2 就表示纯金属有过冷现象时的步冷曲线，b 为过冷温度，e 为正常相变温度；而图 3-1 所示为无过冷现象时的步冷曲线。

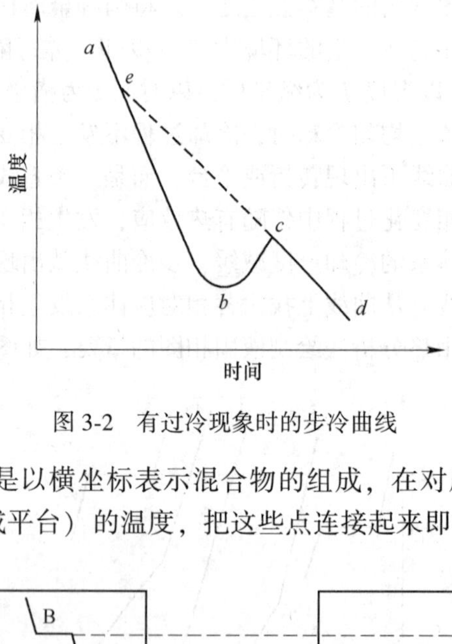

图 3-2　有过冷现象时的步冷曲线

用步冷曲线绘制相图是以横坐标表示混合物的组成，在对应的纵坐标开始出现相变（即步冷曲线上的转折点或平台）的温度，把这些点连接起来即得相图，如图 3-3 所示。

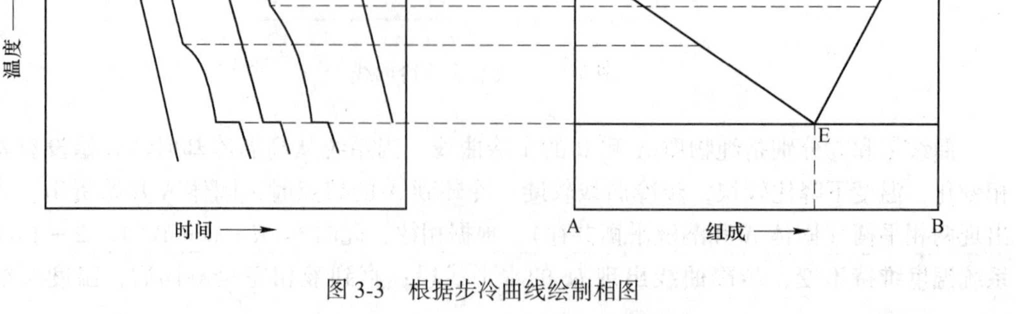

图 3-3　根据步冷曲线绘制相图

从相图的定义可知，用热分析方法测绘相图要注意以下问题：测量体系要尽量接近平衡态，因此要求冷却时温度下降不能过快；如晶形转变时，相变热较小，此方法不宜采用；对样品的均匀性与纯度也要充分考虑，一定要防止样品的氧化和混有杂质，否则会变成另一多元体系（高温影响下特别容易出现此类现象）；为了保证样品均匀冷却，加热温度稍高一些为好；铂电阻放入样品中的部位与深度要适当；测量仪器的热容及热传导也会造成热损耗，其对精确测定也有较大影响，试验中必须注意，否则会出现较大的误差，使测量结果失真。

三、实验仪器与试剂

金属相图实验炉（800 W）如图3-4和图3-5所示，炉体上有装有电压调节器微电脑控制器；宽肩硬质玻璃样品管或不锈钢样品管；铂电阻 Pt100；铂电阻套管不锈钢。

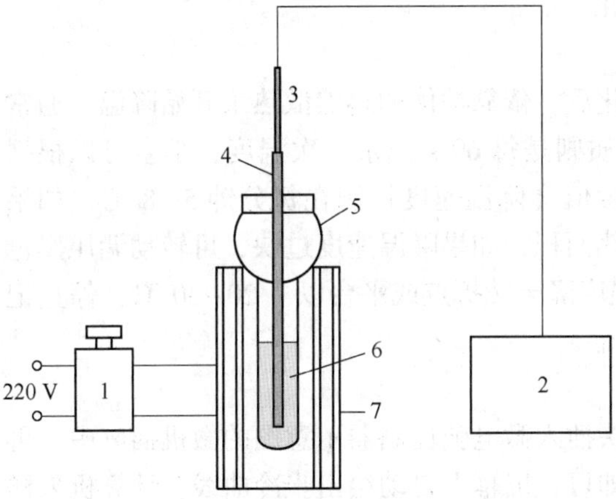

图3-4　装置示意图

1—电源；2—控温仪；3—热电偶；4—热电偶外套；
5—不锈钢样品管；6—试样；7—电炉

图3-5　步冷曲线测定装置外观

锡、铅及其合金组成见表3-1（含铅38.1%、含锡61.9%的铅锡合金具有最低的共熔点183 ℃，锡熔点为231.89 ℃、铅熔点为327.46 ℃）。

表3-1　锡、铅及其合金组成（质量分数）

编号	铅/%	锡/%
1	100	0
2	80	20
3	60	40
4	38.1	61.9
5	20	80
6	0	100

四、实验步骤

（一）配制样品（实验室已配好，可略）

用电子天平配制不同质量分数的Pb-Sn混合物各100 g，其中Pb含量分别为0、20%、38.1%、60%、80%、100%，分别装入不同硬质试管中，在表面加入少量石墨粉，以防止金属在加热过程中接触空气而氧化。（注意：在试管上部贴上不干胶标签，注明成分，比例及年月日。实践证明试样在高温下容易氧化和挥发，100 g的试样使用1~2年后其质量只有60 g左右，用该试样作出的曲线有时平台数据低很多，有时甚至作不出平台，如果发现这些问题应该更换试样。平时工作中应避免式样长期处于高温状态。）

（二）确定测温范围

根据已知的金属熔点确定好每个样品的测温范围（此工作应该在预习时完成），温度上限是高于合金完全熔融温度20~30 ℃，温度下限是低于合金完全凝固温度20~30 ℃。在最高温度时保温约30 min，让样品充分熔化。

（三）步冷曲线测定

当温度升高至最高温度并让样品完全熔化后，依靠炉体的自然散热来开始降温。通常纯金属测定每30 s记录一次温度，而混合物质则是每60 s记录一次温度，学生可以根据蜂鸣器的警笛声记下数码管的此时显示的温度值（降温速度控制在每分钟5~8 ℃，如果降温速度太慢，可在炉口上加弹簧来增加散热面积，如果降温速度过快，可转动调压黑色旋钮，选择一个保温电压来使降温减慢）。温度降至转折点或平台以下20~30 ℃，停止记录。降温过程中不准开风扇或急剧的空气对流。

（四）计算机采样

把计算机装上相关软件硬件，用二线插头插入微电脑控制器示意图的微机插座中，再和微机连接。按照微机的主菜单步骤操作，即可在屏幕上自动绘出步冷曲线，计算机采样15 s采集一次。并可存储打印。

然后用二线插头插入微电脑控制器示意图的记录仪插座中，再与记录仪连接，记录仪自动绘出步冷曲线。

五、实验注意事项

（1）实验加热时要一次快速升温到位，在最高电压下加热。当温度超过设置温度时加热电压为零，此时把黑色旋钮向左旋转归零。

（2）本实验在室温15~30 ℃内做最好。转折点（拐点）和平台是矛盾的，体系的冷却不能太快，一般控制在5~7 ℃/min，才能得到较好的效果。

（3）不能在一个步冷曲线的测试中不断改变冷却速度（环境温度），否则达不到均匀冷却的要求而直接影响实验结果。

（4）合金有两个转折点或平台，必须待到第二个转折点或平台测完后方可停止实验，否则需要重新测定。

六、数据记录与处理

实验数据记录在表3-2中。

表 3-2　实验数据记录

时间/min	温度/℃					
	1	2	3	4	5	6
⋮						
转折点温度						
平台温度						

（一）步冷曲线的绘制

根据实验记录数据，将温度进行换算（℃→K），在同一个坐标纸绘出 6 种样品的步冷曲线图，然后确定其各相变的温度值。

（二）相图的绘制

依据步冷曲线上各相变的温度值及样品的准确组成，利用它们之间的一一对应关系，在同水平轴上绘制出对应的相图（见图 3-3），然后根据相图上最低共晶线在步冷曲线上找出最低共熔点坐标。

（三）评价实验结果（与文献值比较）

将步冷曲线转折点与标准相图的相变温度进行比较，评价实验结果，计算实验偏差，并分析产生偏差的原因。

七、思考题

3-1　何谓热分析方法，用热分析方法绘制相图时，应该注意些什么？

3-2　是否可用加热曲线来作相图，为什么？

3-3　为什么要缓慢冷却合金作步冷曲线？

3-4　对于不同成分混合物的步冷曲线，其水平段有什么不同？

3-5　为什么在不同组成熔融液的步冷曲线上，最低共熔点的水平线段长度不同？

3-6　样品熔融后为什么要保温一段时间再冷却？

实验 4　溶液表面张力的测定

一、实验目的

（1）掌握用最大气泡压力测定溶液表面张力的原理和方法。

（2）仪器常数的测定。

（3）应用吉布斯吸附等温式测定正丁醇的临界胶束浓度和饱和吸附量，进而求出正丁醇分子截面和饱和吸附分子层厚度。

二、实验原理

（一）表面张力的测定

测定方法极多，本实验用最大气泡压力法测定，其原理如图 4-1 所示。

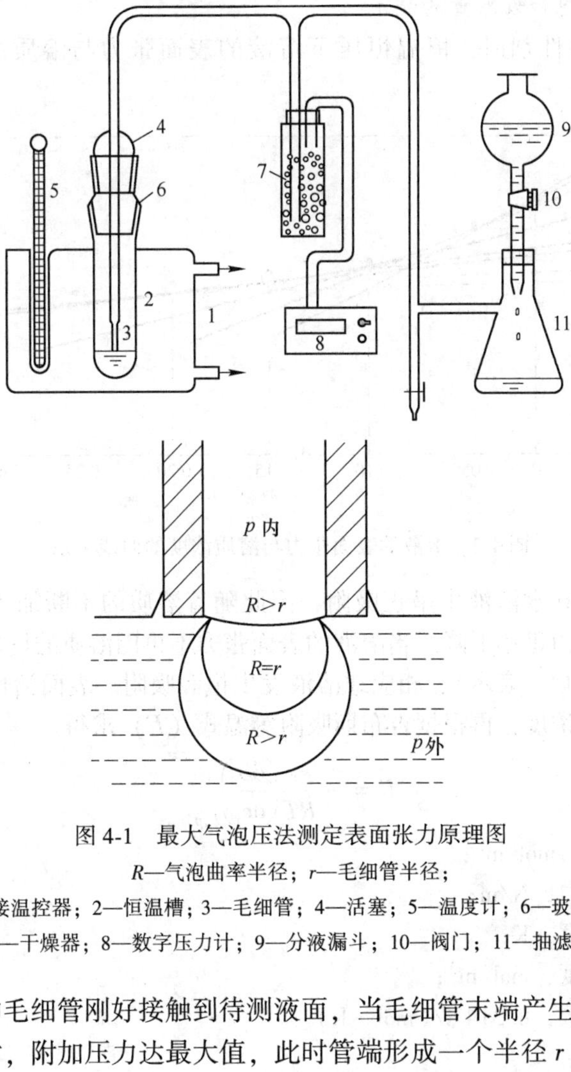

图 4-1　最大气泡压法测定表面张力原理图

R—气泡曲率半径；r—毛细管半径；

1—接温控器；2—恒温槽；3—毛细管；4—活塞；5—温度计；6—玻璃瓶；

7—干燥器；8—数字压力计；9—分液漏斗；10—阀门；11—抽滤瓶

如将半径为 r 的毛细管刚好接触到待测液面，当毛细管末端产生的气泡的曲率半径 R 等于毛细管内径 r 时，附加压力达最大值，此时管端形成一个半径 r 的气泡时毛细管内的空气压力应为：

$$p_{内} = p_{大气压} + p_{附加} = p_{大气压} + 2\sigma/r \qquad (4-1)$$

即

$$p_{附加} = 2\sigma/r = p_{内} - p_{大气} = \Delta p \qquad (4-2)$$

式中 σ——待测液的表面张力；

$2\sigma/r$——毛细管端生成半径为 r 的气泡所需要的附加压力，其值可以通过数字压力计测出。

如用同一毛细管测定水和未知液生成的气泡，且数字压力计在连通大气时先清零，则其读数分别为 $\Delta p_{水}$ 和 $\Delta p_{未}$，由此可算出未知液的表面张力 σ。

$$\sigma_{水}/\sigma_{未} = \Delta p_{水}/\Delta p_{未} \qquad (4-3)$$

$$\sigma_{未} = \sigma_{水}\Delta p_{未}/\Delta p_{水} = k\Delta p_{未} \qquad (4-4)$$

$$k = \sigma_{水}/\Delta p_{水} \qquad (4-5)$$

式中 k——仪器常数（与温度有关）；

$\sigma_{水}$——水的表面张力，可查表得。

（二）溶液表面饱和吸附量的测定

当溶质为表面活性剂时，恒温恒压下溶液的表面张力与溶质浓度的曲线如图 4-2 所示。

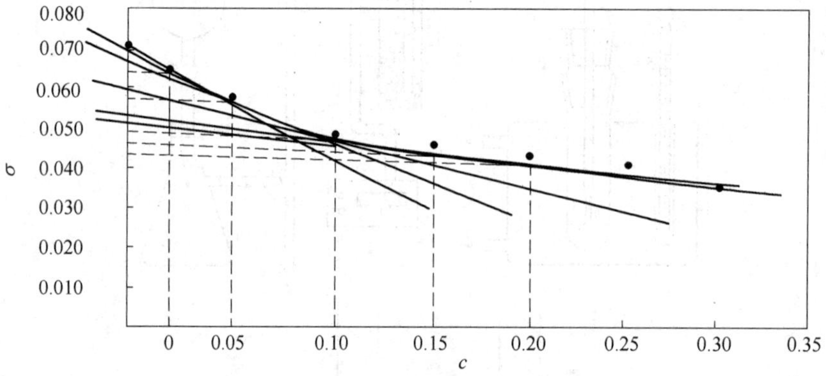

图 4-2 溶液的表面张力与溶质浓度的曲线关系

由于表面活性剂在水溶液中呈正吸附，因此随着溶质的不断加入，将在溶液表层聚集，而溶液的表面张力迅速下降。当溶液的表面张力不再因溶质的增加而变化时，此浓度称为临界胶束浓度（以 c_i 表示），相应地溶液发生饱和吸附。表面活性剂的饱和吸附量可通过测其表面张力与浓度，再根据吉布斯吸附等温式（Γ）求得。

$$\Gamma = -\frac{c_i}{RT}\left(\frac{d\sigma}{dc_i}\right)_{T,p} \qquad (4-6)$$

式中 Γ——吸附量，mol/m^2；

σ——表面张力，N/m；

T——绝对温度，K；

c_i——溶液浓度，mol/m^3；

R——气体常数，8.314 J/(mol · K)。

其具体做法如下：

（1）测定同温下不同浓度的表面张力，绘出 σ-c 标准曲线。

（2）在标准曲线上找出预先选取的若干浓度所对应的点，过点分别作出切线，并求算切线的斜率$(d\sigma/dc_i)_{T,p}$后，代入吉布斯吸附等温式，计算出一组与选定浓度相对应吸附量 Γ。

（3）以吸附量 Γ 为纵坐标，浓度 c 为横坐标，作 Γ-c 吸附量等温线（见图4-3）。图中 Γ_∞ 即为表面活性的饱和吸附量。

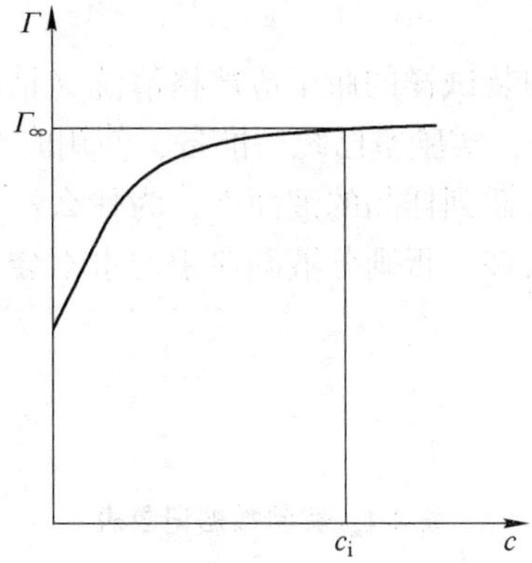

图4-3　Γ-c 吸附量等温线

（三）被吸附分子截面积和饱和吸附分子层厚度的测定

当溶液表面发生单分子层吸附时，单位面积上的分子数就为 $\Gamma_\infty N_A$（N_A 为阿伏伽德罗常数）。所以每个分子在表面上占的面积，即分子的截面积为：

$$A = 1/(\Gamma_\infty N_A)$$

式中　Γ_∞——饱和吸附量，mol/m^2。

而吸附分子层的厚度（d）则为：

$$d = (\Gamma_\infty \cdot M)/\rho$$

式中　M——溶质的摩尔质量，g/mol；

ρ——溶质密度，g/m^3。

三、实验试剂、仪器及实验装置

正丁醇溶液6种（浓度分别为0.35 mol/L、0.30 mol/L、0.25 mol/L、0.20 mol/L、0.12 mol/L、0.04 mol/L），用专用移液管取用，切勿搞混。

最大气泡压力法测表面张力的装置一套，250 mL烧杯2个，干燥的青霉素瓶7个。

四、实验步骤

（一）检查装置是否漏气

先捏住毛细管的胶皮套管，打开分液漏斗上的活塞，让水滴下，当有一定压力时关闭活塞，看数字压力计上的读数是否会改变，不变说明装置不漏，只要没有明显的漏气就可以使用，否则要修好。

（二）仪器常数 k 的测定

测定室温下已知表面张力 σ 的液体（如纯水）的最大气泡时读数（$\Delta p_水$），查 $\sigma_水$，按式（4-5）可求得仪器常数 k。

为了测得准确的最大气泡压力，气泡应是一个一个地产生，不要太快，连续测定三次，取平均值后再进行计算。

（三）测溶液的表面张力

同一套仪器（即毛细管不变，压力计的液体不变）分别测定 6 种溶液生成最大气泡时的压力 $\Delta p_{未}$，按式（4-4）计算出它们的表面张力 $\sigma_{未}$。

五、实验操作及注意事项

（1）本装置中的毛细管和装试样的瓶子应严格清洗（请思考为什么），用洗液洗、自来水洗、蒸馏水洗，确保干净，实验室已统一准备，使用时要先用待测试样冲洗几次。

（2）毛细管管口必须刚好插到样品的液面上，为什么？

（3）抽滤瓶中的水不能太多，否则分液漏斗中的水不会下滴。

六、数据记录与处理

实验数据记录在表 4-1 中。

表 4-1　实验数据记录表

室温__________　　大气压__________

测定物质	最大气泡时压力 Δp				表面张力	吸附量
	第 1 次	第 2 次	第 3 次	平均		
水						
正丁醇 0.04 mol/L						
正丁醇 0.12 mol/L						
正丁醇 0.20 mol/L						
正丁醇 0.25 mol/L						
正丁醇 0.30 mol/L						
正丁醇 0.35 mol/L						
仪器常数 k			饱和吸附量 Γ_{∞}			
分子的截面积 A			临界胶束浓度值			
吸附分子层厚度 d						

（1）根据仪器常数的测量数据求出仪器常数 k，数据列入表 4-1。

（2）根据不同浓度溶液的测量数据求出它们的表面张力，并绘出 σ-c 曲线图。再在 σ-c 曲线图上作切线，求出各适合浓度下吸附量并绘出 Γ-c 曲线图，最后求出饱和吸附量 Γ_{∞} 值和临界胶束浓度值。

（3）参照表 4-2 数据，以活度代替浓度处理数据，比较并讨论所得结果。

表 4-2　正丁醇在水中的活度系数（室温附近）

正丁醇在水中的浓度 c/mol·L^{-1}	0.003	0.006	0.010	0.020	0.030	0.040	0.050
活度系数 γ	0.9971	0.99942	0.9906	0.9823	0.9753	0.9691	0.9638
正丁醇在水中的浓度 c/mol·L^{-1}	0.070	0.100	0.150	0.200	0.250	0.300	0.35
活度系数 γ	0.9546	0.9433	0.9276	0.961	0.9058	0.897	0.881

七、误差计算及误差原因分析

（1）试计算用活度代替浓度时产生的吸附量的相对误差。

（2）误差原因的分析。

八、思考题

4-1　本实验的好坏关键决定于哪些因素？

4-2　毛细管尖端为什么要刚好接触液面？如果浸在待测液中对结果有何影响？

九、附录

水的表面张力见表 4-3。

表 4-3　水的表面张力　（$\times10^{-3}$N/m）

温度/℃	14	15	16	17	18	19	20	21	22
表面张力	73.64	73.49	73.34	73.19	73.05	72.90	72.75	72.59	72.44
温度/℃	23	24	25	26	27	28	29	30	35
表面张力	72.28	72.13	71.97	71.82	71.66	71.50	71.35	71.18	70.38

实验5　电导率的测定及应用

一、实验目的

（1）进一步了解有关溶液电导、电导率和摩尔电导率的一些基本概念。

（2）掌握用电导率法测定电解质溶液的电导率，计算弱电解质溶液的电离度及电离平衡常数。

（3）掌握电导率仪的使用方法。

二、实验原理

（一）溶液的摩尔电导率

电解质溶液是靠正负离子的迁移来传递电流，其溶液导电能力与温度、离子所带电荷、溶液中离子的浓度、离子的迁移速率有关，因此通常用摩尔电导率来衡量电解质溶液的导电能力。摩尔电导率 Λ_m 是指把含有 1 mol 电解质的溶液置于相距为单位距离的电导池的两个平行电极之间，这时所具有的电导率。Λ_m 与浓度 c 的关系为：

$$\Lambda_m = \kappa/c \tag{5-1}$$

式中　κ——溶液的电导率，S/m；

Λ_m——溶液的摩尔电导率，$S \cdot m^2/mol$。

在弱电解质溶液中，只有已电离的部分才能承担传递电量的任务。在无限稀释的溶液中可认为弱电解质已全部电离，溶液中的离子都是可以自由移动的离子，此时溶液的摩尔电导率可用离子的极限摩尔电导率（Λ_m^∞）相加而得。根据离子独立移动定律：

$$\Lambda_m^\infty = \Lambda_{m^+}^\infty + \Lambda_{m^-}^\infty \tag{5-2}$$

式中　$\Lambda_{m^+}^\infty$，$\Lambda_{m^-}^\infty$——分别表示正、负离子在无限稀释时的摩尔电导率。

一定浓度下电解质的摩尔电导率 Λ_m 与无限稀释溶液中的摩尔电导率 Λ_m^∞ 是有差别的，由两个因素造成：（1）电解质的不完全离解；（2）离子间存在着相互作用力，所以 Λ_m 通常称为表观摩尔电导率，Λ_m^∞ 称为极限摩尔电导率。

电子的传递是靠着离子的运动向两极移动的，将电解质溶液放入两平行电极之间，若两极间的距离为 L（单位为 cm），两极面积均为 A（单位为 cm^2）。这时溶液的电阻：

$$R = \rho L/A \tag{5-3}$$

而溶液的电导 G 为：

$$G = 1/R = (1/\rho) \cdot (A/L) = \kappa A/L \tag{5-4}$$

其中，电导率 $\kappa = 1/\rho$。

对于一定的电导池来说，A 和 L 都是一定值。令 $K_{cell} = L/A$（K_{cell}称电导池常数），由式（5-4）为：

$$\kappa = K_{cell}/R = GK_{cell} \tag{5-5}$$

若将已知电导率的电解质溶液放入电导池中，测定出其电导 G 之后，即可求出该电导池的电导池常数 K_{cell}，当 K_{cell}确定后，应用同一电导池便可测定其他溶液的电导 G，根据式（5-5），可求出其他电导溶液的电导率 κ。

电导率 κ 是既与溶液和溶剂性质有关，又与溶液中电解质的浓度（或活度）及温度有关的物理量，因此在电导测定中需要在恒温条件下进行。

直流电源不能直接测定溶液的电导，因为它使两极发生变化，改变两极附近的浓度和成分，即极化作用。为了消除极化作用，需用交流电来测定溶液的电导，有时还要增加电极的总面积，需在铂电板上镀均匀的铂黑，即采用铂黑电极。

（二）弱电解质溶液的电导率和电导率测定的应用

因弱电解质在水溶液中仅是部分电离成正、负离子，如乙酸溶液电离时，有如下的电离平衡关系：

$$HAc \rightleftharpoons H^+ + Ac^-$$

起始	c	0	0
平衡时	$c(1-\alpha)$	$c\alpha$	$c\alpha$

若乙酸的摩尔浓度为 c，电离度为 α，则电离产生的 H^+ 和 Ac^- 的浓度各为 $c\alpha$，而未离解的 HAc 分子的浓度为 $c(1-\alpha)$，如果溶液是理想溶液，则由质量作用定律得出电离平衡常数（简称电离常数）为：

$$K_c = c_{H^+} \cdot c_{Ac^-} / c_{HAc} = c\alpha^2/(1-\alpha) \tag{5-6}$$

我们知道，弱电解质溶液的电导率不仅与其浓度有关，还与其电离度 α 有关。而电离度 α 又是与其浓度温度有关的，所以，在一定温度下，知道弱电解质的浓度并通过测定它的电导率 κ，就可以求出它的电离度 α 和电离常数 K_c。

因为弱电解质的电离度 α 等于溶液在浓度为 c 的摩尔电导率 Λ_m 和溶液在无限稀释时的摩尔电导率 Λ_m^∞ 之比，即：

$$\alpha = \Lambda_m / \Lambda_m^\infty \tag{5-7}$$

而

$$\Lambda_m = \kappa / c \tag{5-8}$$

式中　κ——比电导、电导率，是可以用电导仪测定的；

Λ_m^∞——无限稀释时的摩尔电导率，等于无限稀释时它的正负离子摩尔电导的总和，可以根据数据表计算出来。

因而可以根据式（5-9）来求弱电解质的电离常数：

$$K_c = \frac{c\alpha^2}{1-\alpha} = \frac{c\Lambda_m^2}{\Lambda_m^\infty(\Lambda_m^\infty - \Lambda_m)}$$

或

$$\frac{1}{\Lambda_m} = \frac{1}{\Lambda_m^\infty} + \frac{c\Lambda_m}{K_c(\Lambda_m^\infty)^2} \tag{5-9}$$

以 $\frac{1}{\Lambda_m}$-$c\Lambda_m$ 作图，从截距和斜率求得 Λ_m^∞ 和 K_c 值。

根据

$$\ln K_c = -\frac{\Delta_r H_m^\ominus}{RT} + C \tag{5-10}$$

若再对不同温度下的 $\ln K_c$-$1/T$ 作图，则可求出离解反应的热效应 $\Delta_r H_m^\ominus$。

三、实验仪器和试剂

电导仪一套，铂黑电极一支；HAc 溶液（0.20 mol/L，0.10 mol/L，0.040 mol/L，准确浓度视当日标定值）；KCl 溶液（浓度为 0.02 mol/L 的标准溶液）；电导水；小烧杯（5 mL）5 只，滴管 1 支；烧杯 100 mL 1 只。

四、实验步骤

每组可在 25 ℃、30 ℃、35 ℃、40 ℃、45 ℃中任选至少三个温度从低温往高温测。

（1）测定低温时 HAc 溶液的电离度及电离常数。取 3 个干燥的小锥形瓶，分别装入适量待测的 3 种不同浓度（0.2 mol/L、0.10 mol/L、0.040 mol/L）的醋酸溶液，放入水浴锅加热待测。另取一干燥的小锥形瓶，装入适量的蒸馏水待用。等温度恒定 5~10 min 后，将电极用蒸馏水冲洗 2 次，再用待测的 HAc 溶液冲洗 2~3 次，用电导率仪分别测定 3 种不同浓度 HAc 溶液的电导率 $\kappa_{实验}$和此温度下水的电导率 $\kappa_{水}$，计算相应的摩尔电导率 Λ_m，并作图求此温度下的电离常数 K_c 和 Λ_m^∞。

（2）测定中温时 HAc 溶液的电离度及电离常数。将水浴锅温度升高 5 ℃左右，等温度恒定 5~10 min 后，用与测低温时 HAc 溶液的电离度及电离常数同样的方法分别再次测定 3 种不同浓度 HAc 溶液的电导率 $\kappa_{实验}$和此温度下水的电导率 $\kappa_{水}$，计算相应的摩尔电导率 Λ_m，并作图求此温度下的电离常数 K_c 和 Λ_m^∞。

（3）测定高温时 HAc 溶液的电离度及电离常数。将水浴锅温度再升高 5 ℃左右，等温度恒定 5~10 min 后，用上述测试同样的方法分别再次测定 3 种不同浓度 HAc 溶液的电导率 $\kappa_{实验}$和此温度下水的电导率 $\kappa_{水}$，计算相应的摩尔电导率 Λ_m，并作图求此温度下的电离常数 K_c 和 Λ_m^∞。

（4）实验完毕后，将电极用蒸馏水冲洗干净后，插入盛有蒸馏水的电极盒中。将小锥形瓶清洗干净并扣挂在滴水架上。

五、结果处理

将实验数据填入表 5-1（注意每一栏数据的单位）。

表 5-1　实验数据记录表

不同温度水的电导率：　T_1=______，$\kappa_{水1}$=______；T_2=______，$\kappa_{水2}$=______；
T_3=______，$\kappa_{水3}$=______

实验温度 T	HAc 浓度 c	实验电导率 $\kappa_{实验}$	真实电导率 $\kappa=\kappa_{实验}-\kappa_{水}$	摩尔电导率 Λ_m	电离度 α	$1/\Lambda_m$	$c\Lambda_m$	电离常数 K_c	HAc 的 Λ_m^∞	Λ_m^∞ 的相对误差

续表 5-1

实验温度 T	HAc 浓度 c	实验电导率 $\kappa_{实验}$	真实电导率 $\kappa=\kappa_{实验}-\kappa_{水}$	摩尔电导率 Λ_m	电离度 α	$1/\Lambda_m$	$c\Lambda_m$	电离常数 K_c	HAc 的 Λ_m^∞	Λ_m^∞ 的相对误差
$\Delta_r H_m^\ominus$										

六、注意事项

（1）铂黑电极不可用洗液洗涤，也不能用滤纸吸取上面的水分，因铂黑容易损坏，影响电导池常数，铂黑电极用完后，必须用蒸馏水洗净，并浸入蒸馏水中。

（2）普通蒸馏水中溶有 CO_2 和 NH_3，它具有相当的电导值，而测出的电导值为电解质和水的总和，因此，需纯度较高的水，常用三次蒸馏水，称为电导水。

（3）仪器要清洁，用前用同种液体清洗。

七、思考题

5-1　本实验为什么要使用铂黑电极，使用铂黑电极应注意什么？

5-2　影响溶液电导率的因素有哪些？

5-3　能否用直流电桥来测定电导率，为什么？

5-4　醋酸的电离常数随着温度有何变化，为什么会这样变化？

八、附录

不同温度下醋酸溶液的极限摩尔电导率见表 5-2。不同温度下醋酸溶液的电离平衡常数见表 5-3。

表 5-2　不同温度下醋酸溶液的极限摩尔电导率　（$\times 10^{-2}$S · m^2/mol）

T/℃	0	18	25	30	35	40	45
Λ_m^∞	2.45	3.49	3.907	4.218	4.499	4.792	5.021

表 5-3　不同温度下醋酸溶液的电离平衡常数　（$\times 10^{-5}$mol/L）

T/℃	0	20	25	30	40	50
K_c	1.657	1.753	1.754	1.750	1.703	1.633

实验6　电池电动势的测定及其应用

一、实验目的

（1）掌握电位差计测量电池电动势的原理和方法。

（2）了解应用电池电动势求可逆电池反应的热力学性质变化、平衡常数及pH值的方法。

二、实验原理

原电池由两个“半电池”组成，每一个半电池中有一个电极和相应的溶液，由不同的半电池可以组成各式各样的原电池。电池反应中正极起还原作用，负极起氧化作用，而电池反应是电池中电极反应的总和，其电动势为组成电池的两个半电池的电极电势的代数和。

$$E=\varphi_{正}-\varphi_{负}=\varphi_{右}-\varphi_{左}$$
$$=\left[\varphi_{右}^{\ominus}-\frac{RT}{zF}\ln\frac{(a_{还原态})_{右}}{(a_{氧化态})_{右}}\right]-\left[\varphi_{左}^{\ominus}-\frac{RT}{zF}\ln\frac{(a_{还原态})_{左}}{(a_{氧化态})_{左}}\right]$$

若知道一个半电池的电极电势，则其他半电池的电极电势值均可求得。但迄今我们还不能从实验上或理论上来确切地测定单个半电池的电极电势。在电化学中，电极电势是以某一电极为标准而求出其他电极的相对值，公认的标准电极是氢电极（即在 $a_{H^+}=1$，$p_{H_2}=p^{\ominus}$时被氢气所饱和的铂电极，并规定它的电极电势为零），把这一氢电极称为标准电极。由于氢电极的制作和使用都比较麻烦，因此常把具有稳定电势的容易制作的二类电极，如甘汞电极、银-氯化银电极等作为参比电极。

通过对电池电动势的测定，可计算某些反应的 $\Delta_r H_m$、$\Delta_r S_m$、$\Delta_r G_m$ 等热力学函数，电解质的平均活度系数 $r_{\pm}$、难溶盐的溶度积 K_{sp} 和溶液的pH值等数值（用电动势的方法求如上数据必须有能够设计成电池的可逆电池，而该电池反应就是所要求的化学反应）。例如用电动势法求AgCl的 K_{sp} 需设计成如下的电池：

$$(-)\mathrm{Ag\text{-}AgCl}\mid \mathrm{HCl}(c_1)\parallel \mathrm{AgNO_3}(c_2)\mid \mathrm{Ag}(+)$$

该电池的电极反应为：

负极反应　$Ag+Cl^-(aq)\longrightarrow AgCl+e$

正极反应　$Ag^+(aq)+e\longrightarrow Ag$

电池的总反应　$Ag^+(aq)+Cl^-(aq)\longrightarrow AgCl$

它的电动势

$$E=\varphi_{右}-\varphi_{左}=\left(\varphi_{Ag^+/Ag}^{\ominus}-\frac{RT}{F}\ln\frac{1}{a_{Ag^+}}\right)-\left(\varphi_{AgCl/Ag}^{\ominus}-\frac{RT}{F}\ln a_{Cl^-}\right)=E^{\ominus}-\frac{RT}{F}\ln\frac{1}{a_{Ag^+}a_{Cl^-}} \tag{6-1}$$

而
$$E^{\ominus}-E=\frac{RT}{F}\ln K_{sp}^{-1} \tag{6-2}$$

所以
$$\lg K_{sp}=\lg a_{Ag^+}+\lg a_{Cl^-}=(E-E^{\ominus})F/(2.303RT) \tag{6-3}$$

式中，$a_{Ag^+} = r_{\pm AgNO_3} \cdot m'_{Ag^+}$和$a_{Cl^-} = r_{\pm AgCl} \cdot m_{Cl^-}$，$a_{Ag^+}$、$a_{Cl^-}$分别为$Ag^+$和$Cl^-$离子的活度，故只要测定该电池的电动势$E$，就可通过式（6-3）求得AgCl的$K_{sp}$。

可逆电池的电动势不能直接用伏特计测量。因为伏特计工作需要大电流，这个电流流经电池将发生不可逆电化学反应，使电极产生极化，所测电压不是可逆电池的电动势，所以伏特计测量只是电池的端电压，小于电池的电动势。因此要准确测定电池的电动势只有在无电流通过电池或仅仅只有极微小的电流通过的情况下才能进行，对消法就是根据这一要求而设计的。其简单的线路如图6-1所示。

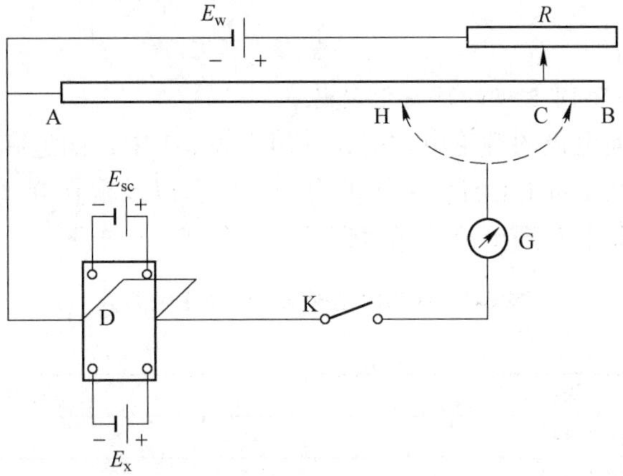

图6-1　对消法测电池电动势线路图

标准电池E_{sc}、待测电池E_x和工作电池E_w并联，工作电池E_w使均匀电阻AB上有电流通过并产生均匀的电位降。测定时先将电建K扳至与E_{sc}相连，移动滑线电阻至接触点C，使检流计G中无电流通过，这时AC上的电位降V_{AC}正好和标准电池E_{sc}的电动势数值相等而相互对消，因此得：

$$E_{sc} = V_{AC} = E_w \cdot R_{AC}/R_{AB} \tag{6-4}$$

再将K扳向与E_x相连，用同样方法找出G中无电流通过时的平衡点H，得：

$$E_x = V_{AH} = E_w \cdot R_{AH}/R_{AB} \tag{6-5}$$

将式（6-4）、式（6-5）相除，得：

$$E_x = E_{sc} \cdot R_{AH}/R_{AC} \tag{6-6}$$

已知标准电池E_{sc}的值（如20 ℃时E_{sc}=1.01863 V），测出R_{AC}和R_{AH}后，通过式（6-6）即可求得待测电池的电动势E_x。

在实际使用的仪器中，为了测定方便，已将A、B间的电阻按电阻数的比例标出其刻度，用于表示电阻值（如100 Ω处标以1.00，150 Ω处标以1.50等），所以只要调节可调电阻R便有恰当的电流，iR的值恰好等于所标出的数值（i=0.01 A在150 Ω处其电势就是150×0.01=1.5 V），因为AB的电阻是均匀的，所以校正了某一个刻度也等于校正了所有刻度。这就是用标准电池来校正电位差计的目的。显然一旦校正后，此可调电阻R就不能任意改动了，但由于在使用过程中工作电池的电势因放电而在一直改变中，因此要求每测一次之前都用标准电池校正。

本实验使用的电子电位差计，已将A、B间电阻化作电压，用数字电压表直接显示，因此可直接读出被测电池的电动势。

三、实验仪器与试剂

仪器：电子电位差计1台，铂黑电极1支，饱和甘汞电极1支，导线若干，电炉（公用）1个，盐桥管（U形管）4根，试样瓶（100 mL）3个，烧杯（50 mL）2个，滴管1支，铜棒、锌棒各1根，干电池、标准电池各1个。

试剂：$CuSO_4$(0.0100 mol/L)，$ZnSO_4$(0.0100 mol/L)，KCl(饱和溶液)，醌·氢醌(粉末)，琼胶，KNO_3 溶液，HCl(1 mol/L)，pH值未知的溶液。

四、实验步骤

（一）计算室温下不同电极的理论电动势

计算在室温时不同电极的理论电动势，并填入表6-1中，如饱和甘汞电极电位、氢醌标准电极电位、锌在0.1 mol/L锌溶液中的电极电位，以及铜在0.1 mol/L铜溶液中的电极电位，用于计算实验值和理论值的相对误差。

表6-1 室温时不同电极的理论电动势

室温 T=______

电 极	电极电位/V
饱和甘汞电极	
氢醌标准电极	
锌（0.1 mol/L锌溶液）电极	
铜（0.1 mol/L铜溶液）电极	

（二）用电位差计测定下列电池的电动势

Ⅰ Zn | $ZnSO_4$ (0.1 mol/L) ‖ 饱和KCl溶液 | $Hg\text{-}Hg_2Cl_2$

Ⅱ $Hg\text{-}Hg_2Cl_2$ | 饱和KCl溶液 ‖ $CuSO_4$ (0.1 mol/L) | Cu

Ⅲ Zn | $ZnSO_4$ (0.1 mol/L) ‖ $CuSO_4$ (0.1 mol/L) | Cu

Ⅳ $Hg\text{-}Hg_2Cl_2$ | 饱和KCl溶液 ‖ 饱和醌·氢醌pH值未知的溶液 | Pt

Ⅴ $Hg\text{-}Hg_2Cl_2$ | 饱和KCl溶液 ‖ $AgNO_3$(0.1 mol/L) | Ag

Ⅵ Ag-AgCl | HCl(0.1 mol/L) ‖ $AgNO_3$(0.1 mol/L) | Ag

（三）电极的制备

(1) 铂电极和甘汞电极是采用现成的商品，不需制备。只要在使用前用蒸馏水淋洗干净即可，若铂片上有油污，应在丙酮中浸泡，然后用蒸馏水淋洗即可使用。

(2) 银电极和银-氯化银电极的制备。可先制备两根银电极，然后进行电池Ⅴ的测定，测定完毕后取其中的一根用蒸馏水淋洗干净再进行银-氯化银电极的制备。镀好的两根银电极之间电势差最好在1 mV内，如果超过此值可将它们短路10 min后再测，如仍不符合要求，则需重镀。

(3) 醌·氢醌电极只要将少量醌氢醌固体加入pH值未知的待测溶液中使其成为饱和溶液，然后插入干净的铂电极即成。

每个电极在插入电解质溶液前，需先用该溶液淋洗（注意不要浪费），以保证溶液浓度不变。

（四）盐桥的制备

为了消除液接电势，必须使用盐桥，其制备方法是：将琼胶、KCl 与蒸馏水以 1.5∶20∶50 的比例加入到锥形瓶中，在热水浴中加热使之溶解，然后用滴管将它灌入至已经洗净的 U 形管中（U 形管的中间及两端不能留有气泡）冷却后待用。

（五）电位差计校准流程

（1）开机预热。连接电源后开机，预热 15 min 以稳定内部电路和基准电压源。

（2）内标校准（推荐常规操作），设备如图 6-2 所示。

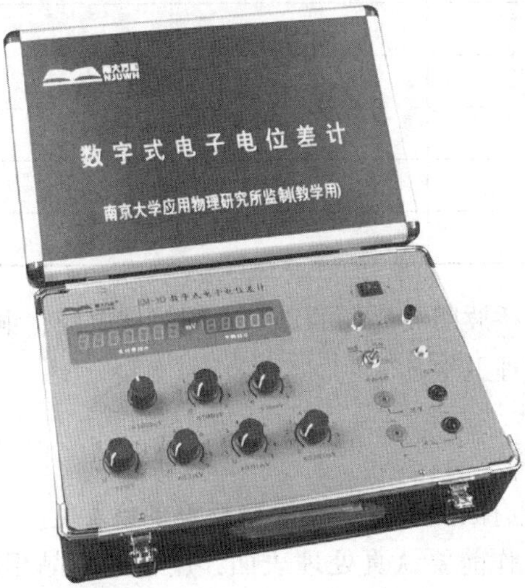

图 6-2 数字式电子电位差计

1）将“测量选择”旋钮切换至“内标”模式；

2）将补偿旋钮逆时针旋至最低点，调整主量程旋钮（如 10^0 位设为“1”，其余归零），此时电位显示应为“1.00000 V”；

3）短接测试线，待检零指示稳定后按“采零”键，使检零值归零。

（3）外标校准（需标准电池时）。

1）将“测量选择”切换至“外标”模式，连接标准电池至外标端口（注意极性匹配）；

2）调节量程旋钮和补偿旋钮，使电位显示值与标准电池标称值一致；

3）按“采零”键完成校准。

（六）电池电动势测定

（1）连接被测对象。将待测电动势/电压的正负极分别接入“测量”端口的对应插孔。

（2）粗调与补偿平衡。

1）将“测量选择”切换至“测量”模式；

2）逆时针旋动补偿旋钮至最低点，依次调节主量程旋钮（从高量程到低量程），使检零指示显示负值且绝对值最小；

3）顺时针缓慢调节补偿旋钮，直至检零指示归零。

（3）数据读取。当检零指示稳定为“0000”时，直接读取电位显示值（如显示“1.23456 V”即为测量结果）。平行测 2~3 次，取其平均值，数据记录在表 6-2。若数据相差较大，应分析原因。

表 6-2 不同电池电动势数据记录表

电池名称	电池电动势/V			电池平均电动势/V	电池理论电动势/V	相对误差
	第 1 次	第 2 次	第 3 次			

实验完毕后必须把盐桥放回大烧杯的水中，同时把电极、铜棒、锌棒、干电池等仪器物品复原，摆放整齐，整理卫生。

五、实验注意事项

（1）测量回路中不能有断路和正、负极接反等现象发生。

（2）铜、锌电极在工作前要认真处理表面，用新的细晶相砂纸将其表面磨光，并尽快洗净置于对应的溶液中。

（3）若检流计受到的电流冲击较大时，应迅速按下“短路”按钮。

（4）电路标准化和调节工作电流时，应从粗到细旋转旋钮，最后再调“微调”旋钮。按下按键的时间要短。

（5）标准电池不能倒置。

六、实验数据处理

（1）饱和甘汞电极电势与温度有关，不同温度可用以下公式计算：

$$\varphi^{\ominus}_{(\mathrm{SCE})} = 0.2415 - 0.000761(t - 25)$$

式中 $\varphi^{\ominus}_{(\mathrm{SCE})}$——电极电势，V；

t——温度，℃。

（2）测出电池Ⅰ、Ⅱ和Ⅲ，计算 Zn | $ZnSO_4$(0.10 mol/L)，Cu | $CuSO_4$(0.10 mol/L) 半电池及由这两电极构成原电池后的电极电位，并将结果与理论计算比较，求出其误差并分析。

（3）由电池Ⅳ求未知液的 pH 值：

$$\varphi^{\ominus}_{\text{醌·氢醌}} = 0.6994 - 2.4 \times 10^{-4}(t - 25)$$

式中 $\varphi^{\ominus}_{\text{醌·氢醌}}$——电极电势，V；

t——温度，℃。

醌·氢醌为等摩尔的氢醌与醌组成，其在水中溶解度很小。作为正极时，其反应为：

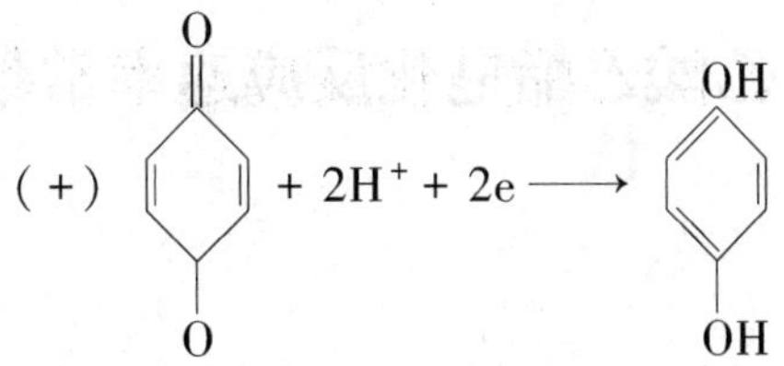

$$\varphi_{右} = \varphi^{\ominus}_{醌\cdot氢醌} - \frac{RT}{2F}\ln\frac{a_{氢醌}}{a_{醌}\cdot a^2_{H^+}} = \varphi^{\ominus}_{醌\cdot氢醌} - 2.303RT\cdot pH/F$$

因为　　$E = \varphi_{右} - \varphi_{左} = \varphi^{\ominus}_{醌\cdot氢醌} - 2.303RT\cdot pH/F - \varphi_{甘汞}$

所以　　$pH = (\varphi^{\ominus}_{醌\cdot氢醌} - \varphi_{甘汞} - E)\frac{F}{2.303RT}$

在计算中常用到的 $2.303RT/F$ 这一项，可用下式进行计算：

$$2.303RT/F = 0.0571 + 2\times10^{-4}(t-25)$$

式中　t——温度，℃。

（4）由电池Ⅴ求 $\varphi^{\ominus}_{Ag^+/Ag}$。

$$\varphi_{饱和甘汞} = 0.2415 - 7.6\times10^{-4}(t-25)$$

式中　t——温度，℃。

已知 $\varphi^{\ominus}_{Ag^+/Ag} = 0.7991 - 9.88\times10^{-4}(t-25) - 7\times10^{-7}(t-25)$，试将 $\varphi^{\ominus}_{Ag^+/Ag}$ 实测值与此值比较求相对误差。

（5）由电池Ⅵ求 AgCl 的 K_{sp}。

已知 0 ℃时 0.1 mol/L HCl 的平均活度系数 $r_{\pm,0\,℃} = 0.8027$，温度 t(℃）时 $r_{\pm,t}$ 可通过下式求得：

$$\lg r_{\pm,t} = \lg r_{\pm,0\,℃} + 1.62\times10^{-4}t + 3.13\times10^{-7}t^2$$

而 0.1 mol/L $AgNO_3$ 的 $r_{Ag^+} = r_{\pm} = 0.734$。

把这些数据和所测得的电动势值代入下式：

$$\lg K_{sp} = \lg a_{Ag^+} + \lg a_{Cl^-} = -\frac{EF}{2.303RT}$$

即可求得 AgCl 的 K_{sp}。

（6）计算相对误差。

七、思考题

6-1　为什么在测量原电池电动势时，要用对消法进行测量而不能使用伏特计来测量？

6-2　影响实验测量精确度的因素有哪些？

6-3　在测定电池电动势的过程中，盐桥的作用是什么？

实验 7　乙酸乙酯皂化反应速率常数的测定

一、实验目的

（1）了解乙酸乙酯皂化二级反应的特点，学会用图解计算法求出二级反应的反应速度常数。

（2）学会用图解计算法求出乙酸乙酯皂化反应的活化能。

（3）熟悉电导率仪和恒温槽的使用。

二、实验原理

乙酸乙酯皂化是二级反应，其反应式为：

$$CH_3COOC_2H_5 + Na^+ + OH^- \longrightarrow CH_3COO^- + Na^+ + C_2H_5OH$$

在反应过程中，各物质的浓度随时间而改变，不同反应时间的 OH^- 的浓度可以用标准酸进行滴定求得。为了处理方便起见，在设计这个实验时将反应物 $CH_3COOC_2H_5$ 和 NaOH 采用相同的浓度 c 作为起始浓度，设 t 时刻反应所生成的 CH_3COO^- 和 C_2H_5OH 的浓度为 x，那么此时 $CH_3COOC_2H_5$ 和 NaOH 的浓度则为（c-x），即：

$$CH_3COOC_2H_5 + NaOH \longrightarrow CH_3COONa + C_2H_5OH$$

$t = 0$ 时	c	c	0	0
$t = t$ 时	$c - x$	$c - x$	x	x
$t \to \infty$ 时	0	0	$x \to c$	$x \to c$

因是二级反应，所以时间为 t 的反应速度和反应物浓度的关系为：

$$dx/dt = k(c - x)(c - x) \tag{7-1}$$

式中　k——反应速度常数。

将式（7-1）积分可得：

$$kt = x/[c(c - x)] \tag{7-2}$$

从式（7-2）中可看出，原始浓度 c 是已知的，所以只要测出 t 时刻的 x 值就可以算出反应速度常数 k 值。首先假定整个反应体系是在稀释的溶液中进行的，因此可以认为 CH_3COONa 是全部电离的。在本实验中用测量溶液的电导率来求算 x 值的变化，溶液中参与导电的离子有 Na^+、OH^- 和 CH_3COO^-，而 Na^+ 在反应前后浓度不变。随着反应的进行，OH^- 不断减少，CH_3COO^- 不断增加，所以体系的电导率不断下降。

显然，体系电导率的减少量和 CH_3COONa 浓度 x 的增大成正比，即：

$t = t$ 时，
$$x = A(\kappa_0 - \kappa_t) \tag{7-3}$$

$t \to \infty$ 时，
$$c = A(\kappa_0 - \kappa_\infty) \tag{7-4}$$

式中　κ_0——起始时 NaOH 的电导率值；

κ_t——t 时刻溶液的电导率值；

κ_∞——$t\to\infty$ 即反应终了时 CH_3COONa 的电导率值；

A——比例常数。

将式（7-3）和式（7-4）代入式（7-2）得

$$kct = (\kappa_0 - \kappa_t)/(\kappa_t - \kappa_\infty) \tag{7-5}$$

由式（7-5）可知，只要测定了 κ_0、κ_∞，以及一组 κ_t 值后，利用 $(\kappa_0 - \kappa_t)/(\kappa_t - \kappa_\infty)$ 对 t 作图，可得一直线，直线的斜率就是反应速度常数 k 值和原始浓度 c 的乘积，k 的单位为 L/(min · mol)。

若测得三个不同温度下的反应速度常数 k，则可按阿伦尼乌斯的反应速度常数与温度的关系（见式（7-6））计算反应活化能 E_a。

$$\ln k = -E_a/(RT) + C \tag{7-6}$$

如式（7-6），将不同温度下的 $\ln k$ 对 $1/T$ 作图，应为一条直线，直线斜率为 $-E_a/R$，由此可计算出反应活化能 E_a。

三、实验仪器和试剂

试剂有 NaOH(0.02 mol/L，0.01 mol/L)，CH_3COONa(0.01 mol/L)，$CH_3COOC_2H_5$(0.02 mol/L)。此外，本实验所用的溶液和蒸馏水，均为不含 CO_2 的新鲜溶液和水。

三角烧瓶（50 mL，带塞子）8 个，移液管（25 mL，已编号）4 支，滴管 1 个，烧杯（50 mL）1 个。电导率仪 1 套，恒温槽 1 套，接触式温度计（导电表）1 个，秒表 1 只。

四、实验步骤

（1）取烘干具塞的三角瓶 8 个，3 个盛 25.00 mL 的 NaOH(0.02 mol/L)，3 个盛 25.00 mL 的 $CH_3COOC_2H_5$（0.02 mol/L），其余两个分别盛 50 mL 的 NaOH(0.01 mol/L) 与 CH_3COONa(0.01 mol/L)，塞紧后放入恒温槽中，调节恒温槽的温度略高于室温的整数值，如室温 17 ℃，调至 20 ℃。

（2）熟悉电导仪的使用（见实验 5“实验步骤”），分别测定恒温 10 min 后的 0.01 mol/L CH_3COONa 和 0.01 mol/L NaOH 的电导率，即得 κ_∞ 和 κ_0，测量时溶液应盖满整个电导池，测量后取出电导仪用蒸馏水浸泡，溶液保留作较高温时再用。

（3）测 κ_t，将已恒温（T_1）的 0.02 mol/L NaOH 和 0.02 mol/L $CH_3COOC_2H_5$ 各一个合并，混均，取出空瓶。办法是：将 $CH_3COOC_2H_5$ 快速倒入 NaOH 中，同时开始计时，然后再将混合液倒入原盛 $CH_3COOC_2H_5$ 的三角瓶中，三角瓶立即放回水浴锅中，用干吸管取出少许混合液淋洗电导池，然后将电导池插入三角瓶中，进行电导率时间 κ_t-t 的测定，每隔 3 min 一次，反应进行到半小时后停止测量，测定后取出弃去溶液，三角瓶洗净后挂在滴水架上。

（4）调节恒温槽，使水温升高 10 ℃或 5 ℃，恒温 5~10 min 后再将另一组 0.02 mol/L NaOH 和 0.02 mol/L $CH_3COOC_2H_5$ 合并混均，开始计时，按步骤（3）中的方法再测定温度为 T_2 时的 κ_t-t，每 2 min 读数一次，并读数 8~10 次，测定后弃去溶液，三角瓶洗净后挂在滴水架上。再测定 T_2 时 0.01 mol/L CH_3COONa 的 κ_∞ 和 0.01 mol/L NaOH 的 κ_0。

（5）调节恒温槽，使水温再升高 10 ℃或 5 ℃，恒温 5~10 min 后再将最后一组

0.02 mol/L NaOH 和 $CH_3COOC_2H_5$ 合并混均，开始计时，按前述方法再测定温度为 T_3 时的 κ_t-t，每 1 min 读数一次，并读数 8～10 次，同时测定 T_3 时 0.01 mol/L CH_3COONa 的 κ_∞ 和 0.01 mol/L NaOH 的 κ_0。测定后弃去溶液，三角瓶洗净后挂在滴水架上。

五、关键操作及注意事项

（1）温度是本实验的主要影响因素，因此反应温度要恒定和测量准确。

（2）实验中使用的三角瓶要洗净烘干（已统一准备），装入溶液后必须盖上塞子。

（3）整套实验数据必须使用一支电导测出，测量时电极必须全部浸入溶液。使用时先用蒸馏水淋洗，再用待测液淋洗，绝不能擦拭电极板，不用时要浸泡在蒸馏水中。

六、数据处理

（1）将 T_1、T_2、T_3 下所得 t、κ_t、$\kappa_0-\kappa_t$、$\kappa_t-\kappa_\infty$、$(\kappa_0-\kappa_t)/(\kappa_t-\kappa_\infty)$ 记录在表 7-1 中（注意写上单位）。

表 7-1 实验数据统计表

T	κ_0	κ_∞	t	κ_t	$\kappa_0-\kappa_t$	$\kappa_t-\kappa_\infty$	$(\kappa_0-\kappa_t)/(\kappa_t-\kappa_\infty)$	k	$\ln k$	$1/T$
T_1										
T_2										

续表 7-1

T	κ_0	κ_∞	t	κ_t	$\kappa_0-\kappa_t$	$\kappa_t-\kappa_\infty$	$(\kappa_0-\kappa_t)/(\kappa_t-\kappa_\infty)$	k	$\ln k$	$1/T$
T_3										
反应活化能 E_a/kJ · mol^{-1}										

（2）以 $(\kappa_0-\kappa_t)/(\kappa_t-\kappa_\infty)$ 对 t 作图。

（3）由直线斜率计算不同温度下反应的速度常数 k。

（4）将不同温度下的 $\ln k$ 对 $1/T$ 作图，由图直线斜率计算该反应的活化能 E_a。

七、思考题

7-1　为何本实验要恒温条件进行，$CH_3COOC_2H_5$ 和 NaOH 溶液在混合前还要预先恒温？

7-2　如何从实验结果来验证乙酸乙酯反应为二级反应？

7-3　为何要尽快测出混合液的第一个电导率？

实验 8 $Fe(OH)_3$ 溶胶的制备及其 ζ 电势的测定

一、实验目的

（1）掌握凝聚法制备 $Fe(OH)_3$ 溶胶的方法。

（2）观察溶胶的丁达尔及电泳现象，掌握电泳法测定胶粒电泳速度和溶胶 ζ 电势的方法。

二、实验原理

（一）胶体的制备方法

制备胶体有两条途径：一是分散法；二是凝聚法。

分散法中常用的有：

（1）超声波法。利用超声波的空化作用，将物质撕碎成细小的质点，它适用于分散硬度较低的物质或制备乳状物。

（2）胶乳法。沉淀经溶剂的作用，重新溶解成为胶体溶液。

凝聚法有：

（1）物理法。变换介质或改变实验条件，使原来溶解的物质变成不溶。

（2）化学法。在溶液中进行化学反应，生成一不溶解的物质。如用 $FeCl_3$ 水解来制备 $Fe(OH)_3$ 溶胶及 $AgNO_3$ 与 KI 作用来制备 AgI 溶胶。

胶粒往往都是带电的。这种电荷是从分散介质中吸附或解离等形成的。胶粒所带的电荷与其制备条件有关。同一种胶体由于其制备条件不同，胶粒所带电荷也就可能不同。在电场中它就会定向移动，即有电泳现象。

（二）ζ 电势的测定

溶胶是一个多相系统，由于本身电离或选择性地吸附一定量的离子及其他原因，胶粒表面带有一定量的电荷，胶粒周围的介质分布着反离子。反离子所带电荷与胶粒表面电荷符号相反、数量相等，因此整个溶胶系统保持电中性。胶粒周围的反离子由于静电引力和热扩散运动的结果形成了两部分——紧密层和扩散层。紧密层约有一两个分子层厚，紧密吸附在胶核表面上，而扩散层的厚度则随外界条件而变，扩散层中的反离子符合玻耳兹曼分布。由于离子的溶剂化作用，紧密层结合有一定数量的溶剂分子，在电场的作用下，它和胶核作为一个整体移动，而扩散层中的反离子则向相反的电极方向移动。这种在电场作用下分散相粒子相对于分散介质的相对运动称为电泳。发生相对移动的界面称为切动面，切动面与液体内部的电位差称为电动电势或 ζ 电势，而带电粒子的胶粒表面与液体内部的电位差称为质点的表面电势 $\varphi^{\ominus}$。

ζ 电势是表征胶体特性的重要物理量之一。胶体的稳定性与 ζ 电势有直接关系，ζ 电势绝对值越大，表明胶粒荷电越多，胶粒间排斥力越大，胶体越稳定。反之则表明胶体越不稳定。当 ζ 电势为零时，胶体的稳定性最差，此时可观察到胶体的聚沉。

本实验是在一定的外加电场强度下通过测定 $Fe(OH)_3$ 胶粒的电泳速度计算其 ζ 电势。

在电泳仪（见图 8-1）两极间接上电位差 E(V) 后，在 t(s) 的时间内溶胶界面移动的距离为 D(m)，即胶粒的电泳速度 U(m/s) 为：

$$U = \frac{D}{t} \tag{8-1}$$

相距 l(m) 的两极间的电位梯度平均值 H(V/m) 为：

$$H = \frac{E}{l} \tag{8-2}$$

则
$$\zeta = \frac{K\pi\eta}{\varepsilon H}U \tag{8-3}$$

式中　K——与胶粒形状有关的常数（对于球形粒子 $K = 5.4 \times 10^{10}\ V^2 \cdot s^2/(kg \cdot m)$；对于棒形粒子 $K = 3.6 \times 10^{10}\ V^2 \cdot s^2/(kg \cdot m)$，本实验为棒形）；

η——介质的黏度；

ε——介质的介电常数。

25 ℃时氢氧化铁胶体的 $\eta = 0.000894$ Pa · s，$\varepsilon = 78.36$。

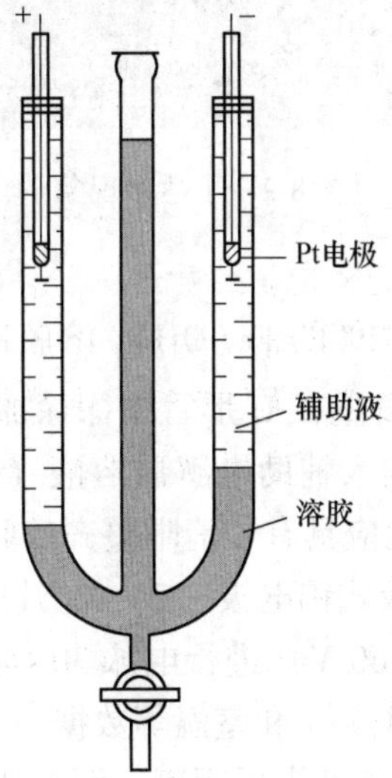

图 8-1　电泳仪示意图

三、实验仪器和试剂

电炉，电泳仪，电极（Pt），稳压电源、U 形管、$FeCl_3$ 溶液（10%）、0.01 mol/L 盐酸、1%尿素等。

四、实验步骤

（一）溶胶的制备

$Fe(OH)_3$ 溶胶的制备：在 250 mL 烧杯中放 85 mL 蒸馏水，加热至沸，慢慢地滴入 15 mL 10%的 $FeCl_3$ 溶液，并不断搅拌。加完后继续搅拌几分钟。由于水解的结果，制得红棕色的氢氧化铁溶胶。发生的水解反应如下：

$$FeCl_3 + 3H_2O \xlongequal{} Fe(OH)_3\downarrow + 3HCl$$

$$Fe(OH)_3 + HCl \xlongequal{} FeOCl + 2H_2O$$

（二）观察丁达尔现象

取 1 mL 制得的 $Fe(OH)_3$ 溶胶，用水冲稀 10 倍，放入试管或烧杯中用激光笔观察其丁达尔现象，如图 8-2 所示。

图 8-2　丁达尔现象

（三）ζ 电势的测定

将水解法制备的浓度为 1%～2%的 $Fe(OH)_3$ 溶胶冷却后注入 U 形管中至一定高度（约为 U 形管的一半），用滴管沿管壁在 U 形管中徐徐加入一层（约 1 cm）浓度为 1%的尿素溶液。然后，以同法在其上加入辅助电解质溶液（0.01 mol/L 盐酸）至适量（距 U 形管口约 5 cm）。这时 U 形管两边应具有一清晰整齐的胶体界面。

在 U 形管两个管口各安装平板式铂电极一支（铂片刚浸入液面为宜）。通过直流稳压器接通电源。控制一定电压（40～60 V）进行电泳 30～40 min。记录电压 E、溶胶界面高度的变化 D、通电时间 t、两电极间距 l 和室温等数据。

注意：两电极间的距离 l 不是指其水平距离，而是从一个电极沿 U 形管中线到另一个电极的距离。

重复上述实验 1～2 次。

五、实验数据处理

实验数据记录在表 8-1 中。

表 8-1　实验数据记录表

实验编号	E/V	D/m	t/s	l/m	U/m · s^{-1}	H/V · m^{-1}	ζ/V
1							
2							
3							

(1) 计算电泳速度 U 和平均电位梯度 H。

(2) 将 U、H 和介质黏度及介电常数代入计算 ζ 电势。

(3) 根据胶粒电泳时移动的方向确定其所带电荷符号。

六、思考题

8-1 写出 $Fe(OH)_3$ 胶团的表达式，并绘出胶团结构简图和双电层结构图。

8-2 本实验若采用水解法得到较高浓度的溶胶，将产生较大偏差，为什么？

8-3 电泳中辅助液的选择依据是什么？

8-4 分析电泳在用反向电流时将出现与正向电流时不一致现象的原因？

第三章　冶金原理实验

实验 9　压力计法测定石灰石分解反应自由焓 $\Delta G_T^{\ominus}$

一、实验目的

（1）掌握压力计法测定物质分解压的原理及操作。
（2）研究石灰石的热力学性质。
（3）掌握封闭体系体积的测定方法。

二、实验原理

对于下面分解反应：

$$CaCO_3 = CaO + CO_2\uparrow$$

当反应达到平衡时，气相中 CO_2 的分压称为 $CaCO_3$ 的分解压，以 p_{CO_2} 表示。一般来说，碳酸盐比较容易分解，在不高的温度下就可以达到较大的分压值，它可以用压力计直接测量。

上述反应其独立组分数为 2，根据相律可知，自由度为 1（$f=2-3+2=1$）。当温度一定时，则 $f=0$。

因此

$$p = \psi(T)$$

即一定温度下的分解压为一定值。

根据质量作用定律：

$$K = \frac{a_{CaO} \cdot p_{CO_2}}{a_{CaCO_3}}$$

因固体物质 CaO 和 $CaCO_3$ 在此为纯物质，活度为 1，则：

$$K^{\ominus} = \frac{p_{CO_2}}{p^{\ominus}} = \varphi(T)$$

由此可见，当反应达平衡时，测定分解压 p_{CO_2} 后，即可获得平衡常数 $K^{\ominus}$。

根据化学反应等温方程式：

$$\Delta G_T^{\ominus} = -RT\ln K^{\ominus} = -RT\ln\frac{p_{CO_2}}{p^{\ominus}}$$

由所测定的分解压则可计算出反应的 $\Delta G_T^{\ominus}$。

若测定不同温度的 p_{CO_2}，用 $\lg p_{CO_2}$ 对 $\frac{1}{T}$ 作图，从图中可求出 $\lg p_{CO_2} = \frac{A}{T} + B$ 中的 A、B 值，从而得到离解压方程式。或由不同温度 T 的 p_{CO_2} 求出相应的 $\Delta G^{\ominus}$ 值，用 $\Delta G^{\ominus}$ 对 T 作图，从图中可求出 $\Delta G^{\ominus} = A' + B'T$ 中的 A'、B' 值，进而得出 $\Delta G^{\ominus} = \varphi(T)$ 关系式。

综上所述，实验测定离解压后，可以获得分解反应的各热力学函数的关系。值得注意的是，体系中要使 $CaCO_3$ 过剩，否则体系的 CO_2 压力仅是分压值，而不是分解压值。因此，判断所测 CO_2 分压是否为分解压，应在实验结束时检查是否有 $CaCO_3$ 过剩。检查的方法有三种：一是利用 $CaCO_3$ 的特性反应来检验 $CaCO_3$ 的存在与否，如采用稀盐酸溶解的方法，根据是否有气泡生成，判断是否有 $CaCO_3$ 过剩；二是利用水洗的方法，由于 $CaCO_3$ 不溶于水，而 CaO 溶于水，因此若产物有不溶于水的物质，说明 $CaCO_3$ 过剩；三是根据封闭体系体积和 CO_2 分压，利用理想气体状态方程计算逸出 CO_2 物质的量，与所有 $CaCO_3$ 完全分解应放出的 CO_2 物质的量进行比较，以判断分解反应是否达到平衡。

三、实验主要仪器

本实验的主要仪器设备连接如图 9-1 所示。

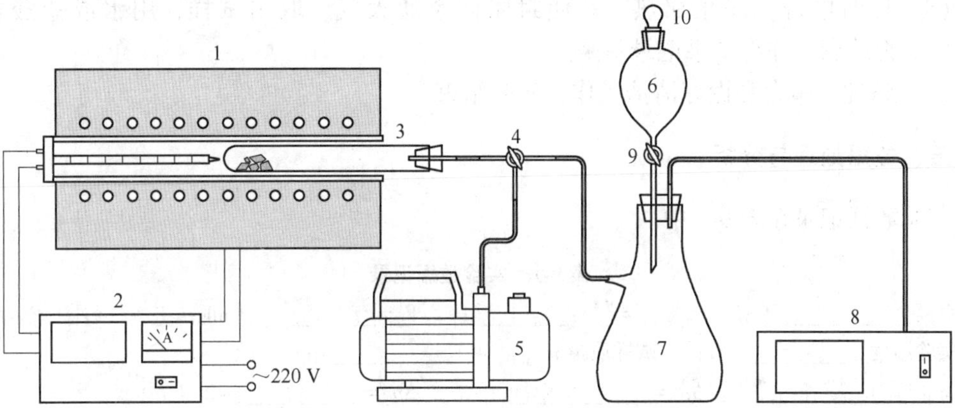

图 9-1　设备连接图

1—电炉；2—温度控制器；3—石英管；4—三通阀；5—真空泵；6—分液漏斗；
7—抽滤瓶；8—数字压力计；9—阀门；10—分液漏斗上盖

四、实验内容和步骤

（1）接通电炉电源，将电炉设好指定温度后升温。

（2）旋转三通阀 4，使其处于三通状态，开启阀门 9，打开数字压力计，待数值稳定后，按触摸屏上“采零”按钮。

（3）称取 5~10 g $CaCO_3$ 装入石英管中，将石英管密封，按图 9-1 所示的装置接好管路（石英管先不要放炉子内）。

（4）检查气密性并测定封闭体系的体积。

1）关闭阀门 9。

2）确保三通阀 4 处于三通状态。

3）启动真空泵抽气，压力计出现负压。当压差达到−90 kPa 以下时，将三通阀 4 旋转 180°，使体系封闭，然后停止真空泵。观察压力计数值变化，如果数值增加速度较快，说明体系存在密封性不好，需要检查漏气点，重新执行本次操作，直至压力计数值稳定。

4）读出数字压力计的压差 Δp_1，这时体系的压力为 p_1，其值：

$$p_1 = p_{大气压} + \Delta p_1$$

5）为计算封闭体系的体积，记下分液漏斗 6 的容积 V_6。再将分液漏斗上盖 10 盖严，然后旋转阀门 9，使分液漏斗与体系连通，读出此时的压力差 Δp_2，体系的压力为：

$$p_2 = p_{大气压} + \Delta p_2$$

（5）关闭阀门 9，当炉温接近升到指定实验温度后，调节三通阀 4 处于三通状态，抽真空，使压差是达到−90 kPa 以下，再将三通阀 4 旋转 180°，记下此时的压力差 Δp_3，体系的压力为：

$$p_3 = p_{大气压} + \Delta p_3$$

（6）当实验温度恒定后，戴手套将底部有石灰石的石英反应管推至电炉中部接近热电偶的位置。

（7）每隔 1 min 读出压力计数值，及时记录在表格中，直到压力不变为止。

（8）切断电源，停止加热，并使封闭体系通大气。取出试样，用水或盐酸检查 $CaCO_3$ 是否过剩，并将结果记录下来。

（9）整理实验台和做好清洁工作，实验结束。

五、数据处理与分析

实验数据记录在表 9-1 中。

表 9-1　实验数据记录

室温__________℃；　$p_{大气压}$ = __________；　V_6 = __________ mL；
实验温度__________℃；　试样质量 m_{CaCO_3} = __________ g；
Δp_1 = __________；　Δp_2 = __________；　Δp_3 = __________

时间/min	压力计读数 Δp	与上一分钟压力计读数差值 $\Delta p'_{CO_2}$	$p_{体} = p_{大气压} - \Delta p$	$p'_{CO_2} = p_{体} - p_3$

续表 9-1

时间 /min	压力计读数 Δp	与上一分钟压力计读数差值 $\Delta p'_{CO_2}$	$p_{体} = p_{大气压} - \Delta p$	$p'_{CO_2} = p_{体} - p_3$

实验结束时产物盐酸检查的现象及结论记录：______________________________

____

六、报告编写

（1）简述实验原理。

（2）写明实验数据。

（3）计算反应体系的体积（$V_{体}$）

$$V_{体} = \frac{p_{大气压} - p_2}{p_2 - p_1} V_6$$

（4）计算出实验条件下分解产出的 CO_2 物质的量，与试样中所含 $CaCO_3$ 的物质的量进行比较，并结合水或盐酸的检验结果，确定反应是否达到平衡。

（5）作 p'_{CO_2}-t 图，求出分解反应温度下 $CaCO_3$ 的分解压。

（6）求出实验温度下 $CaCO_3$ 分解反应的平衡常数及自由焓，并与理论值进行比较。

七、思考题

9-1　检查体系是否密封时，当体系为正压时如何检查？

9-2　根据本实验装置，推导出 $V_{体}$ 的计算公式（$V_{体}$ 不包括 V_6）。

9-3　测定石灰石分解反应的 CO_2 分压前，为什么要抽真空？抽真空与否对 CO_2 分压测定有何影响？

实验 10　化学平衡法测定金属氧化物的还原热力学实验

一、实验目的

（1）掌握气体循环法实验原理及操作。

（2）测定用 CO 还原 SnO_2 的还原热力学参数 $\Delta G_T^{\ominus}$ 。

二、实验原理

将盛有 SnO_2 的瓷舟置于电炉的恒温带，使气路形成闭路循环。在一定温度下，还原气体（CO）与固体试样 SnO_2 进行气-固反应：

$$SnO_2 + 2CO\uparrow = Sn + 2CO_2\uparrow$$

借助于循环风机使气相在封闭体系中循环，经过一段时间，则反应达到平衡（假设 SnO_2 过剩），此时气相组成不随时间而改变。若测定出该温度下平衡时气相中 p_{CO_2} 和 p_{CO} 值，则根据等温方程式：

$$\Delta G_T^{\ominus} = -RT\ln\frac{(p_{CO_2}/p^{\ominus})^2}{(p_{CO}/p^{\ominus})^2} = 2RT\ln\frac{p_{CO}}{p_{CO_2}}$$

可以计算出 $\Delta G_T^{\ominus}$ 之值。

若分别在 T_1、T_2、T_3……温度下进行上述试验，则可以求得 $\Delta G_{T1}^{\ominus}$、$\Delta G_{T2}^{\ominus}$、$\Delta G_{T3}^{\ominus}$……用作图或其他数学处理方法，求出 $\Delta G_{SnO_2}^{\ominus}=A+BT$ 中常数 A 和 B，从而得到 SnO_2 用 CO 还原反应的 $\Delta G_{SnO_2}^{\ominus}=f(T)$ 的关系式。

平衡气相组成的测定方法，可用 CO、CO_2 测定仪，也可用电池法，还可用传统的碱液吸收法进行测定。本实验采用碱液吸收法。

三、主要仪器及耗材

本实验的主要仪器设备连接，如图 10-1 所示。

四、实验内容和步骤

（1）将盛有化学纯 SnO_2 粉的瓷舟送入管状炉中，使瓷舟中心位于测温点，然后进行密封。按装置图（见图 10-1）连接管路，形成封闭体系。

（2）用压力计法检查体系的密封情况：关闭 CO 进气阀 7、取样阀 10 和排气阀 8，连通大气阀 14 和切断阀 12 在真空泵的作用下造成体系的负压，其值通过 U 形压力计 11 读出。当负压达 300~500 mm 汞柱差时，关闭切断阀 12，使通大气阀 14 通大气，然后停止真空泵。经过一段时间后，若体系压力不改变（一般认为 5 min 内压力不改变即可），则表示密封良好，否则被认为漏气，重新对管路进行密封，然后重复上述操作进行检漏。

（3）用 CO 清洗体系：将体系抽真空（约 10^{-2} mmHg），关闭切断阀 12，停止真空泵，将 CO 发生器中的 CO 通入体系，该操作进行 3 遍（即清洗 3 次）。最后使体系内的 CO 压力与外压相等（CO 的流速以能数清气泡为标准，不能太快），关闭 CO 进气阀 7。

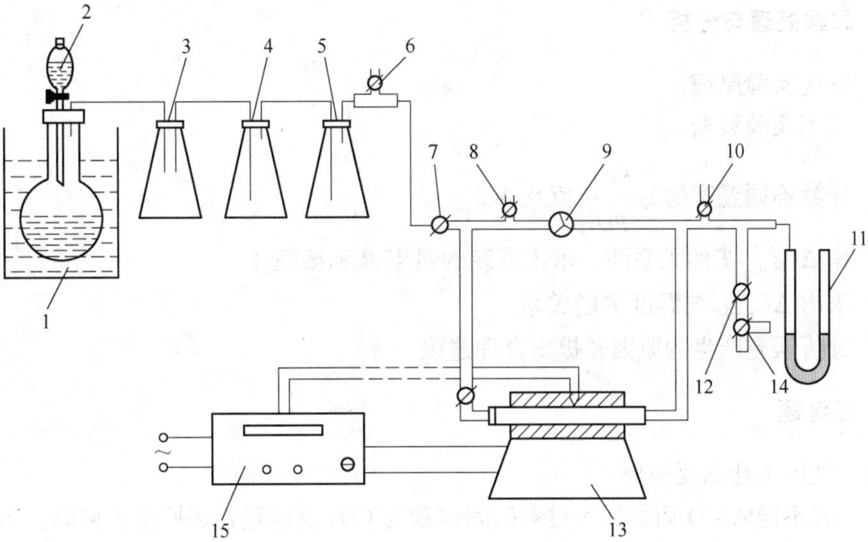

图 10-1　设备装置连接图

1—恒温水浴；2—CO 发生器；3—缓冲瓶；4—焦性没食子酸；5—KOH 溶液；6—CO 排出阀；7—CO 进气阀；8—排气阀；9—循环风机；10—取样阀；11—U 形压力计；12—切断阀；13—电炉；14—通大气阀；15—温度控制器

（4）接通电源，电炉升温到 700 ℃，并启动循环风机，让气体进行循环。

（5）气体组成的测定：每隔 15 min 抽取气体用气体分析仪分析其中 CO_2 的含量，若连续两次分析结果不变（差值为 0.5% 即可），则认为达到平衡，将测定结果记录于表格中。

（6）按上述方法测定 750 ℃、800 ℃、850 ℃的平衡气相组成。

（7）做完最后一个温度的测定后，关闭电炉，数分钟后关闭循环风机，抽真空，打开排气阀 8 然后取出瓷舟。做好清理工作，实验结束。

（8）实验数据记录在表 10-1 中。

表 10-1　实验数据记录

室温____________℃

试验温度/℃	循环时间/min	CO_2 含量（体积分数）/%	CO 含量（体积分数）/%

五、数据处理与分析

（1）简述实验原理。
（2）写明实验数据。
（3）计算不同温度的 $\lg \dfrac{p_{CO_2}}{p_{CO}}$ 值及 $\Delta G^{\ominus}_{SnO_2}$。
（4）作 $\Delta G^{\ominus}_{SnO_2}$-$T$ 的关系图，求出直线的斜率 B 和截距 A。
（5）求出 $\Delta G^{\ominus}_{SnO_2}$ 与温度 T 的关系。
（6）分析误差产生的原因并提出合理建议。

六、思考题

10-1　气体为什么要循环？

10-2　若不通入 CO 而是加入过剩的固体碳与 CO_2 反应进行还原是否可以，为什么？

10-3　若先进行 850 ℃的实验，最后做 700 ℃条件下的还原实验是否可以（假设 SnO_2 是过剩的），为什么？

实验 11　失重法测定石灰石分解过程动力学

一、实验目的

（1）掌握失重法的基本原理及操作过程。

（2）测定石灰石的自动催化曲线，用收缩核模型判断限制性步骤。

（3）计算石灰石分解反应的活化能。

二、实验原理

研究反应过程动力学，其核心在于探究过程速度、明晰过程所包含的步骤，并确定其中的限制性步骤。由于研究对象不同，与之对应的研究方法也丰富多样。在众多的研究方法中，大致可将其分为两类：物理方法（如电导法、容积法、失重法等）和化学分析方法。无论采用何种研究方法，其共性都在于探寻物质量的变化与时间之间的内在联系。本实验以失重法为例来研究石灰石的分解动力学。

石灰石的主要成分是 $CaCO_3$，加热时进行热分解：

$$CaCO_3 \xlongequal{\quad} CaO + CO_2\uparrow \qquad \Delta H > 0$$

该反应属气-固反应，在反应温度和粒度一定的条件下，反应速度与其经历的时间的关系曲线具有图 11-1 的特性，即反应初期出现速度小的诱导期（*a* 段）、速度大的加速期（*b* 段）和速度下降的减慢期（*c* 段），这就是自动催化特征。

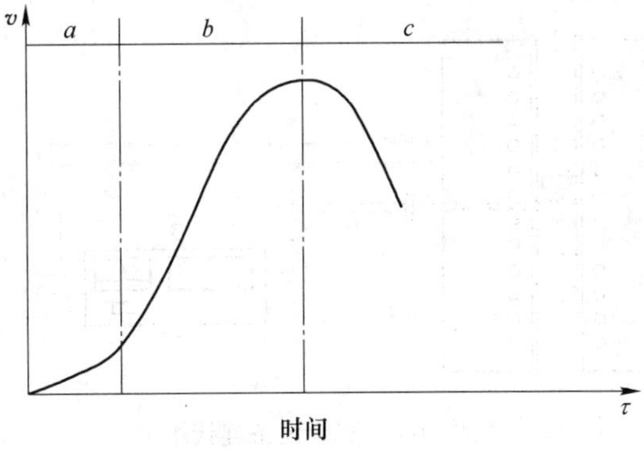

图 11-1　自动催化曲线图

这条曲线的位置与温度有关，与试样粒度有关。

该分解反应的速度可以用单位时间质量变化来表示，也可用分解产物 CO_2 的压力变化或其物质的量来表示，本实验是采用单位时间试样失重来表示反应速度。

从自动催化曲线（见图 11-1）上可以求出任何时刻的反应速度，一般来说，反应的速度大些为好，但并不意味反应速度大矿石性质好，从冶金角度出发希望反应完全的终点来得越早越好。由于这个原因，某温度下，某时刻的分解分率 R 得到更广泛的采用。R 的定义为：

$$R=\frac{m_0-m}{m_0}=1-\frac{m}{m_0}$$

式中 m_0——$CaCO_3$ 的原始质量（实验前测定），g；

m——反应在某时刻剩余的 $CaCO_3$ 的质量，用热天平可以称量出来，g。

由于失重的原因是分解反应逸出 CO_2 的结果，所以分解率又可表示为：

$$R=\frac{m_{CO_2失}}{m_{CO_2完全}}$$

式中 $m_{CO_2失}$——试样分解到某时刻累积失质量，g；

$m_{CO_2完全}$——试样完全分解失去的质量，g。

需要注意的是，若石灰石不纯，应该扣除杂质质量后计算 $m_{CO_2完全}$。$m_{CO_2失}$ 可用热天平称量出来，所以 R 值可以求出。

在某温度下，测定出不同时间所对应的 R 值，进而作 R-t 曲线，由该曲线可以大致看出矿石的优劣，并根据收缩核模型确定反应的限制性步骤和速度常数。

三、实验主要仪器

本实验的主要仪器设备连接如图 11-2 所示。

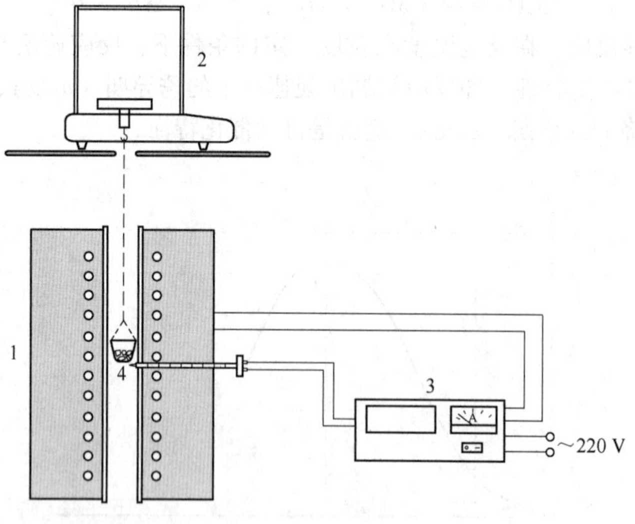

图 11-2 实验设备连接图

1—电炉；2—热天平；3—温度控制器；4—吊篮及试样

四、实验内容和步骤

（1）将吊篮挂于吊丝下，吊丝的另一端挂在热天平上，放入反应炉内，检查吊丝是否竖直，竖直后，称量空吊篮和吊丝的重，记录，天平归零。

（2）装试样（$CaCO_3$）入吊篮中，装量大约 2/3 吊篮。吊篮及试样在热天平上称重（包括吊丝），称好后天平归零，取出置于炉外。

（3）对炉子进行加热升温，调节温度控制器，通电升温，一直升至实验温度。

（4）待温度稳定后，将吊篮放入炉中，迅速核实原来的质量，试样经核实的质量记录下来。然后开始记录时间。

（5）开始可以每 30 s 记录一次天平读数，6 min 后可每分钟记录一次，记录到质量基本不变化即可。

（6）停止记录，切断电源。

（7）整理台面和进行清洁工作，实验结束。

五、数据处理与分析

实验数据记录见表 11-1。

表 11-1　实验数据记录

实验温度__________℃；　　碳酸盐的原始含量__________%（质量分数）；

试样重____________g；　　吊篮重____________g

序号	时间/s	时间间隔	天平读数	$m_{CO_2失}$ /g	分解率 R	分解速度 V /$g \cdot s^{-1}$	$1-(1-R)^{\frac{1}{3}}$	$3-2R-3(1-R)^{\frac{2}{3}}$

六、报告编写

（1）简述实验原理。

（2）写明实验条件及数据。

（3）计算出分解速度 $V(g/s)$，并作出 V-t 曲线，对该曲线给予分析。

（4）计算出 R 值，并作 R-t 曲线。

（5）分别以 $1-(1-R)^{\frac{1}{3}}$ 和 $3-2R-3(1-R)^{\frac{2}{3}}$ 对时间 t 作图，判断限制性步骤，并求出反应速率常数 k。

（6）测定不同反应温度下的速率常数 k，根据阿伦尼乌斯不定积分式：

$$\ln k=-\frac{E_a}{RT}+C$$

将 $\ln k$ 对 $\frac{1}{T}$ 作图，由直线斜率则可计算反应的活化能 E_a，并与理论值比较，分析误差产生的原因。

实验 12　金属化合物固相电化还原实验

一、实验目的

(1) 探索金属化合物固相还原的可能性。
(2) 掌握电解过程中电极电位的测定方法。
(3) 了解槽电压的组成及电流效率和电能消耗的计算。

二、实验原理

某些金属化合物（如氧化物、硫化物及盐类），可以在一定的电解质溶液中，控制适当的电解条件，将其固态直接电解还原。以氧化物为例，如果该氧化物能够在水溶液中进行电化还原的话，根据近代一些研究者的研究，其机理为：还原机理是固相直接电化还原，即电子直接进入固体氧化物晶格内使金属还原。所以电解反应可以写成如下形式：

在酸性溶液中：

阴极反应　$$MeO + 2H^+ + 2e = Me + H_2O$$

阳极反应　$$H_2O - 2e = 2H^+ + \frac{1}{2}O_2$$

电池反应　$$MeO = Me + \frac{1}{2}O_2$$

在碱性溶液中：

阴极反应　$$MeO + H_2O + 2e = Me + 2OH^-$$

阳极反应　$$2OH^- - 2e = H_2O + \frac{1}{2}O_2$$

电池反应　$$MeO = Me + \frac{1}{2}O_2$$

根据具体的氧化物，则可以用电化学方法测定电极电位，根据产物及其数量可以确定其还原的可能性及电流效率等。

三、实验主要仪器及耗材

实验仪器：电解仪，数字电位差计，标准电池，KCl 盐桥，饱和甘汞电极；其连接如图 12-1 所示。

实验材料：金属氧化物，不锈钢阳极，NaOH，铅阴极板，烧杯。

注：设计性实验所用材料不限于上述品目。

四、实验内容和步骤

(1) 称取金属（如铅、铋）的氧化物 5 g，以少许水调匀，将其均匀铺在铅阴极板上，待用。

(2) 配制 100 g/L 的氢氧化钠溶液 250 mL，将其注入电解槽中。然后小心将上面铺

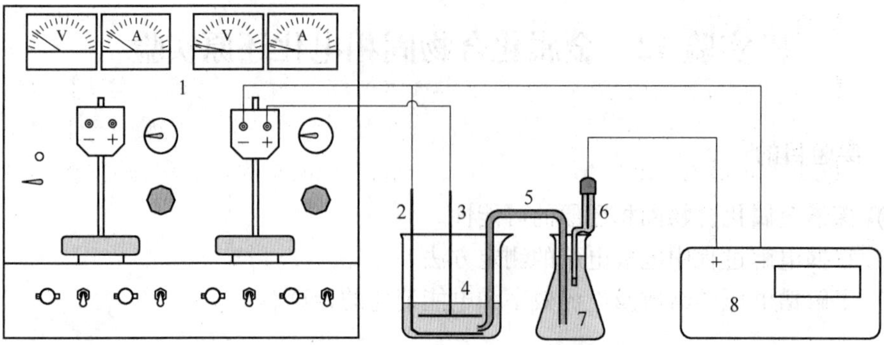

图 12-1　设备装置连接图

1—电解仪；2—阴极；3—阳极；4—电解槽；5—盐桥；
6—甘汞电极；7—饱和 KCl 溶液；8—电位差计

有氧化物的阴极平放于电解槽的底部。再将阳极置于电解槽中，阴极和阳极的距离约为 20 mm，两电极紧固在电解仪的接线柱上（注意正负极，不要接错）。同时将阴极和饱和甘汞电极分别接在电位差计的负极和正极上。

（3）接通电源，电解电流控制在 5 A，并记下通电时间，在整个电解过程中随时检查，始终保持电流为 5 A。

（4）每 10 min 记录一次电解仪上的槽电压和电位差计上的读数。

（5）电解终点的判别：当槽电压有较大的上升，阴极上明显析出较多气体，试料全部呈灰色，这些现象表示电解到达终点。记录终点到达的时间。

（6）取出阴阳极，将海绵状金属铲入小坩埚，覆盖少量固态氢氧化钠，在 600 ℃下熔铸，将其所得的金属块称重。

五、实验记录

实验数据记录见表 12-1。

表 12-1　实验数据记录

试料重__________g；　试料含金属（质量分数）________%；　试验温度__________℃；
室温__________℃；　金属块重__________g；　阴极面积__________cm^2

时间	槽电压/V	电位差计读数/V	阴极电位/V

六、设计性实验模块

本实验鼓励同学们根据所学知识，自主设计电解体系和实验步骤，实现其他诸如氧化铜、氧化铋、氧化锌、氧化锡、氧化锑等化合物的固相电化学还原实验（见图 12-2）。因此，学生不仅要模仿借鉴原有实验方案，还要分析比较不同金属化学性质的差异，调整试剂种类，才能制定出合理的新方案。

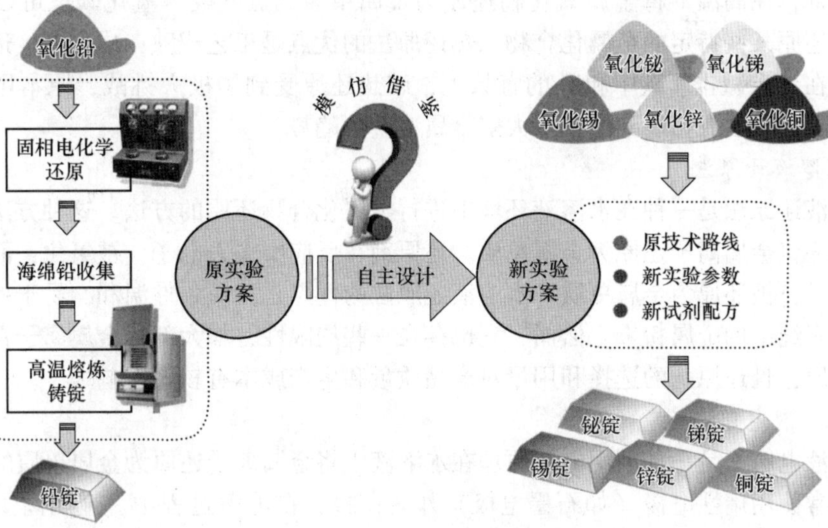

图 12-2　“模仿借鉴”设计型实验的思路示意图

七、报告编写

（1）简述实验原理。
（2）写明实验数据。
（3）计算阴极电位。
（4）计算阴极电流密度、实际电流效率、电能消耗。
（5）讨论影响槽电压的因素。

八、拓展阅读

金属化合物制取金属的方法

金属化合物还原成金属的过程在化学、冶金和材料科学领域具有重要地位。根据金属活泼性和化合物的性质，可以采用不同的还原方法来实现这一过程。按照还原方法分类，分别介绍热分解法、热还原法、水溶液还原法、水溶液电解法、离子液体电解法和熔盐电解法。

1. 热分解法

热分解法适用于制取活泼性较低的金属，如金、银、汞。这类金属化合物在加热到一定温度时，会发生分解反应，释放出金属单质和气体或挥发性物质。例如，一些金属的碳酸盐、氢氧化物或氧化物在高温下可以分解生成对应的金属。这种方法的特点是工艺简单，设备要求低，但这类金属在自然界相对较少。

2. 热还原法

热还原法适用于活泼性中等的金属化合物。这类金属化合物难以通过热分解法直接获得金属单质，但可以通过加入还原剂（如碳、氢气或一氧化碳）在高温下进行还原反应获得金属单质。碳热还原法是热还原法中的一种常用方法，是炼铁的主要方法，它利用碳作为还原剂，在高温下将金属氧化物还原为金属单质。氢气或一氧化碳也可以作为还原剂，用于还原某些特定的金属化合物。热还原法的优点是工艺成熟，成本低，适用于大规模生产。在“碳减排、碳中和”的背景下，碳热还原受到了极大挑战，原本用于稀有金属冶金的氢还原法有拓展到炼铁等大宗金属冶金的趋势。

3. 水溶液还原法

水溶液还原法是一种在水溶液环境中进行金属化合物还原的方法。这种方法通常使用化学还原剂将金属离子还原为金属单质。还原剂在反应中失去电子，被氧化，而金属离子则获得电子，被还原为金属单质。水溶液还原法的优点是反应条件温和，易于控制，且可以制备出高纯度的金属粉末。然而，它也存在一些局限性，如大部分金属离子在水溶液中难以被还原，且还原剂的选择和用量对产品质量和生产成本有较大影响。

4. 水溶液电解法

水溶液电解法是一种利用电解原理在水溶液中将金属离子还原为金属单质的方法。这种方法通常使用惰性电极（如石墨电极）作为阳极，在电解过程中，金属离子在阴极上获得电子并被还原为金属单质，而阳极上则发生氧化反应。水溶液电解法的优点是工艺成熟，易于控制，且可以制备出高纯度和高致密度的金属产品。此外，它还可以用于回收和提纯废旧金属。然而，这种方法也存在一些局限性，某些活泼金属离子在水溶液中无法被电解还原，并且电解过程中需要消耗大量的电能，且对设备和操作条件要求较高。

5. 离子液体电解法

离子液体电解法是一种利用离子液体作为电解质进行电解的方法。离子液体是一种在室温或接近室温下呈液态的盐类，具有良好的导电性和热稳定性。在离子液体电解过程中，金属离子在阴极上获得电子并被还原为金属单质，而阳极上则发生相应的氧化反应。离子液体电解法的优点是可以制取活泼的金属，相对于熔盐体系，可在较低的温度下进行电解，降低了能耗；同时，离子液体作为电解质具有良好的稳定性和可回收性，有利于环境保护。然而，这种方法也存在一些挑战，如离子液体的合成和纯化成本较高，体系吸水性较强。

6. 熔盐电解法

熔盐电解法是一种在熔融盐类中进行电解的方法。这种方法通常使用高温熔融的盐类（如氯化物、氟化物等）作为电解质，在电解过程中，金属离子在阴极上获得电子并被还原为金属单质，而阳极上则发生氧化反应。熔盐电解法的优点是可以在高温下实现高效电解，适用于制备活泼性较高的金属。此外，这种方法还可以用于回收和提纯废旧金属。然而，它也存在一些缺点，如高温条件下能耗高，且对设备和操作条件要求较高。同时，熔盐电解过程中产生的废气、废渣等环境问题也需要引起关注。

实验 13　热重差热分析实验

一、实验目的

（1）掌握差热分析法和热重法的基本原理和分析方法。

（2）了解同步热分析仪的基本结构，熟练掌握仪器操作。

（3）运用分析软件对测得数据进行分析，研究 $CuSO_4 \cdot 5H_2O$ 的脱水过程。

二、实验原理

热分析是在温度程序控制下研究材料各种转变和反应的技术，如脱水、结晶、熔融、蒸发、相变等，以及各种无机和有机材料的热分解过程和反应动力学问题等，是一种十分重要的分析测试方法。常用的热分析技术包括差热分析法、热重法和差示扫描量热法。

（一）差热分析法（DTA）

物质在受热或冷却过程中，当达到某一温度时，往往会发生熔化、凝固、晶型转变、分解、化合、吸附、脱附等物理或化学变化，并伴随着焓的改变，因而产生热效应，其表现为体系与环境（样品与参比物）之间有温度差。

实验室采用温差电偶进行测量，温差电偶是由两支完全相同的热电偶串联而成。当将其中一个热端插在试样中，另一端插在参比物（又称基样，通常为灼恒烧过的 Al_2O_3 或 SiO_2 粉末，要求参比物在试验温度范围内无热效应发生）中（见图 13-1），在恒速升温过程中，当试样和参考物温度相同时，$\Delta T=0$，两热电偶产生的热电势互相抵消，电流信号为零，温差检流计 G_1 值不变。当试样发生物理化学变化时，则有热效应发生，试样和参比物就存在温差，电路中有电流信号，G_1 值改变，改变 G_1 值可以换算成 ΔT 之值。这个差值是相对于 G_2 所测之温度 T 而言的，若将 ΔT 对 T 作图所得曲线称差热曲线（或称差

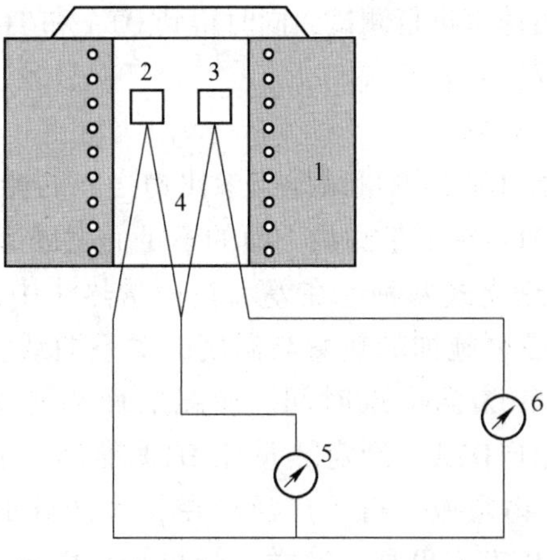

图 13-1　差热分析原理图

1—差热炉；2—试样；3—参比物；4—差热电偶；5—测温检流计；6—温差检流计

热热谱）。图 13-2 所示为理想差热曲线，当 $\Delta T=0$ 时，曲线上出现水平段（基线），$\Delta T\neq 0$，曲线出现峰或谷，通常试样放热时使其成峰，吸热则让其成谷（实验预先调整好）。峰的起始温度是反应的特征温度，峰的面积则可表征反应热的大小。实际测定中，试样没有发生物理化学变化时，也常使 $\Delta T\neq 0$，这主要由于试样和参比物的热容和导热能力不同所造成，使曲线偏离理想基线，称为基线漂移，如图 13-3 所示。

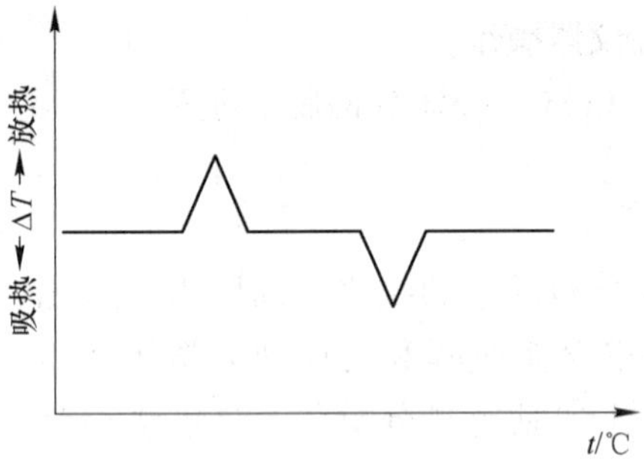

图 13-2 理想的差热曲线

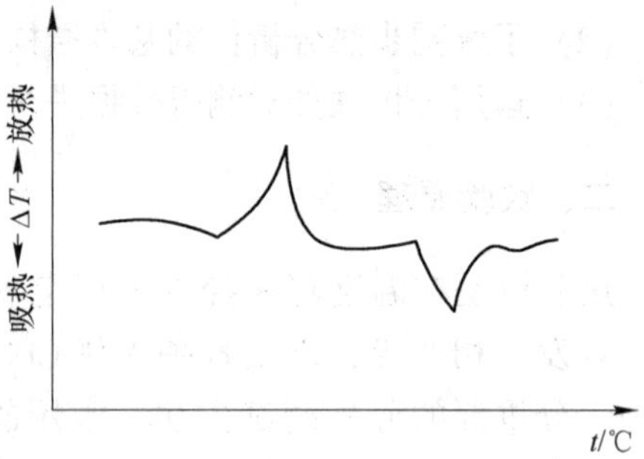

图 13-3 存在基线漂移的差热曲线

（二）热重法（TG）

物质受热时，发生化学反应，质量也随之改变，测定物质质量的变化就可研究其过程。热重法是在程序控制温度下，测量物质质量与温度关系的一种技术。热重法的主要特点是定量强，能准确地测量物质的变化及变化的速率。从热重法派生出微商热重法（DTG），即 TG 曲线对温度（或时间）的一阶导数。DTG 曲线能精确地反映出起始反应温度，达到最大反应速率的温度和反应终止温度。在 TG 曲线上，对应于整个变化过程中各阶段的变化互相衔接而不易分开，同样的变化过程在 DTG 曲线上能呈现出明显的最大值，因此 DTG 能很好地显示出重叠反应，区分各个反应阶段，而且 DTG 曲线峰的面积精确地对应着变化了的质量，因而 DTG 能精确地进行定量分析。

现在发展起来的差热-热重（DTA-TG）联用仪，是将 DTA 与 TG 的样品室相连，在同样气氛中，控制同样的升温速率进行测试，同时得到 DTA 和 TG 曲线，从而一次测试得到更多的信息，对照进行研究。

（三）差示扫描量热法（DSC）

DSC 是在程序升温的条件下，测量试样与参比物之间的能量差随温度变化的一种分析方法。该方法是为克服 DTA 在定量测量方面的不足而发展起来的一种新技术。差示扫描量热法有功率补偿式和热流式两种。在差示扫描量热法中，为使试样和参比物的温差保持为零在单位时间所必须施加的热量与温度的关系曲线为 DSC 曲线。曲线的纵轴为单位时间所加热量，横轴为温度或时间。曲线的面积正比于热焓的变化。DSC 与 DTA 原理相同，但性能优于 DTA，测定热量比 DTA 准确，而且分辨率和重现性也比 DTA 好，因此 DSC 在聚合物领域获得了广泛应用，大部分 DAT 应用领域都可以采用 DSC 进行测量，灵敏度和精确度更高，试样用量更少。由于其在定量上的方便从而更适合测量结晶度、结晶动力学，以及聚合、固化、交联氧化、分解等反应的反应热及研究其反应动力学。

三、实验主要仪器及耗材

同步热分析仪 DTU-3B，1 台；精密分析天平，1 台；刚玉坩埚，2 个；$CuSO_4 \cdot 5H_2O$ 试样（分析纯）。

本实验仪器设备连接如图 13-4 所示。

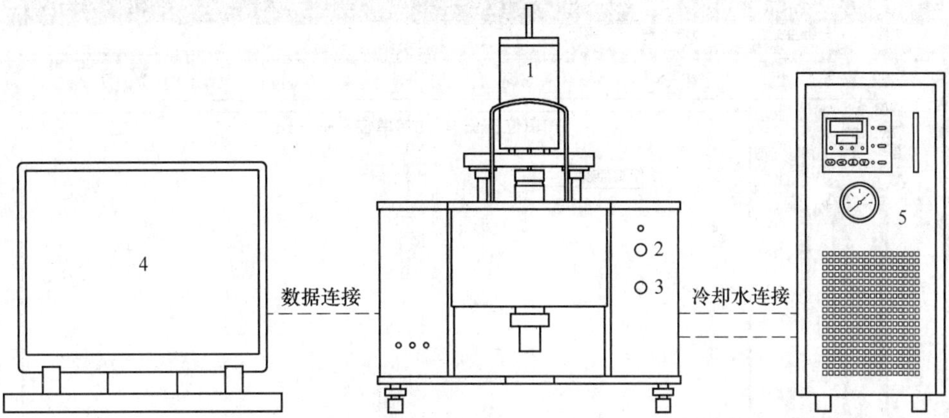

图 13-4　热重差热分析主要设备示意图

1—加热炉；2—上升按钮；3—下降按钮；4—联机电脑；5—冷却循环水系统

四、实验内容和步骤

（1）开启冷却循环水系统和同步热分析仪的电源，确认冷却循环水系统是否正常工作。打开联机电脑，运行电脑中的工作站软件，检查仪器主机和计算机数据传输线连接情况。开启电源预热 10~20 min 后，待仪器稳定后可测样。

（2）装入试验样品。取刚玉坩埚放在精密分析天平上称重去皮，用小勺子取少量 $CuSO_4 \cdot 5H_2O$ 试样，装样量不超过坩埚容积的 1/2。装入试样后，将坩埚置入天平，待数据稳定后，读取加入试样的质量。为获得高质量的分析结果，应注意以下几点：

1）被测试样和参考试样为粉末时，装填的密度应力求一致，否则会产生差热曲线基线偏移和弯曲。

2）粉末试样粒度不宜太大，粒度大不易装紧，粒间间隙大时，导热率差。峰值温度偏高，峰面积小，基线也易偏移。

3）试验过程中会产生脱水、脱气的试样，不要装得过紧，否则水分和气体不易脱出，失重过程曲线时间会加长。

4）微量试样分析时可采用分层，混合装填。

（3）放置坩埚。长按仪器面板右侧按钮 2 升起加热炉，露出支撑杆（热电偶组件），用镊子将盛放参比物和试验样品的刚玉坩埚，分别放置在热电偶板的左侧和右侧，注意轻拿轻放，确保坩埚平稳地贴在热电偶板上。长按按钮 3 降下加热炉。

（4）运行工作站软件，点击“新采集”按钮（见图 13-5），进入新采集界面并按要求填写相关参数（见图 13-6）。试验温度状态有升温、降温、恒温、阶梯升温多种选择模式。本次实验采用常规的升温模式：“起始采样”温度设置为 0 ℃（或低于炉内实际温度）。“升温速率”根据实验需要进行选择，本次实验“终结温度”设置为 500 ℃（本仪器最高温度为 900 ℃），“保温时间”设置为“0”。点击新采集“确定”按钮后，系统自动执行实验数据采集命令并将实验数据保存在预先设定或默认的路径中。

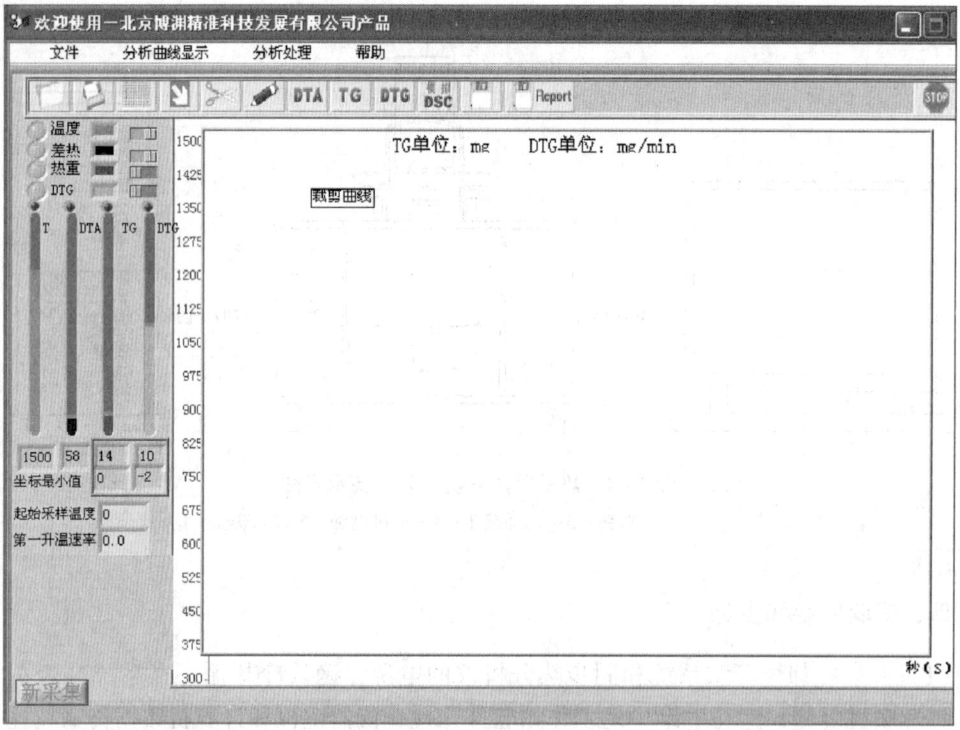

图 13-5　工作站软件主界面

（5）仪器使用注意事项为：

1）仪器在使用加热前，请确保冷却水系统正常工作。

2）实验过程中应避免带磁物靠近仪器，同时避免在仪器附近走动，避免外界对仪器测定产生干扰。

3）炉体应下降到位以避免产生间隙，影响差热与热重曲线。

4）装卸样品时注意动作规范、缓和。试样一般不超过坩埚容积的一半，对于加热时会发泡、溢出的试样不得超过容积的一半甚至更少，必要时可使用氧化铝粉末稀释，以防止发泡时溢出坩埚，污染热电偶。

5）炉体在加热时禁止用手触摸，以防烫伤。

五、报告编写

（1）通过实验取得的数据，用 Origin 软件绘制实验结果的 DTA、TG、DTG 图，找出 $CuSO_4 \cdot 5H_2O$ 脱水的几个阶段，并求得各阶段的特征温度（外推起始温度和峰顶温度）。

（2）根据热失重曲线，计算 $CuSO_4 \cdot 5H_2O$ 加热脱水各阶段的脱水量，并写出各阶段脱水反应的方程式。

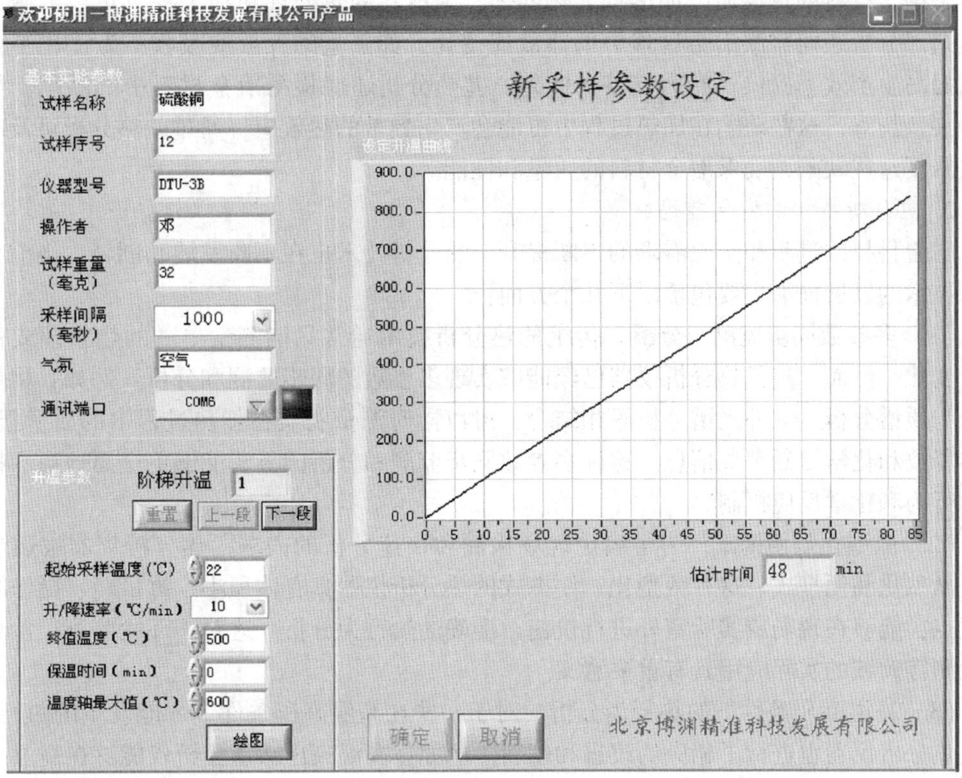

图 13-6　新采集界面

六、思考题

13-1　差热分析中为什么要用参比物，对它有什么要求？

13-2　产生基线漂移的原因有哪些？

13-3　在本实验中，升温速度对实验结果有哪些影响？

13-4　除了升温速度外，还有哪些因素影响本实验结果？

七、拓展阅读

1. 热分析技术在冶金和材料领域的应用

热分析技术在冶金和材料领域应用广泛。热重分析（TGA）通过精确测量冶金材料在加热过程中质量的变化，揭示了其热稳定性的关键信息。这一技术能够监测冶金材料在高温环境下的质量损失情况，从而评估其使用寿命和性能。在冶金过程中，许多化学反应都伴随着质量的变化，热重分析能够实时监测这些化学反应的进度和产物，为优化冶金工艺提供了重要依据。此外，热重分析还能检测冶金材料中的杂质，确保材料的质量符合标准。通过热重分析，科研人员可以深入了解冶金材料的热解、挥发、氧化等过程，为材料的选择、加工和应用提供科学依据。差热分析（DTA）则通过测量冶金材料与参比物之间在加热过程中的温差，研究了其热效应的变化。这一技术能够揭示冶金材料在加热过程中的相变过程，如熔化、结晶等，以及这些相变对应的温度。通过差热分析，科研人员可以了解冶金材料的热性质，如熔点、热容等，为材料的热处理和加工提供重要参数。同时，差热分析还能监测冶金过程中的热效应变化，如热量的释放或吸收，为优化工艺参数、提高生产效率提供了有力支持。此外，差热分析还能检测冶金材料中的缺陷，如裂纹、夹杂物等，这些缺陷在加热过程中可能会产生异常的热效应，通过差热分析可及时发现并修复这些缺陷，确保冶金材料的质量和性能。

2. 热分析技术的发展前沿

随着科技的进步和实验需求的不断提升，热分析技术也在不断发展和创新。当前，热分析技术的发展前沿主要包括以下几个方面：

（1）多参数同步监测与分析。传统的热分析技术通常只能测量单一的热物理或化学性质变化。然而，现代热分析仪器已经能够实现多参数的同步监测和分析。例如，将热重分析与质谱分析、红外光谱分析等相结合，可以同时测量物质在加热过程中的质量损失、气体释放和化学键断裂等信息。这种多参数同步监测和分析的方法能够更全面地揭示物质的热行为和化学反应机制。

（2）微型化与便携式。为了满足现场检测和快速分析的需求，热分析仪器也逐步实现了微型化和便携式。这种微型化、便携式的热分析仪器具有体积小、重量轻、操作简便等优点，能够在现场或实验室外进行快速、准确的热行为分析。这对于环境监测、食品安全检测等领域的实际应用具有重要意义。

（3）高温高压条件下的热行为分析。对于一些在高温高压条件下才能发生的热行为，现代热分析仪器也进行了相应的改进和创新。例如，高温高压热重分析仪能够在高温高压环境下对样品进行热重分析，从而揭示样品在高温高压条件下的热稳定性和质量损失情况。

（4）新型热分析技术的开发与应用。除了传统的热重分析、差热分析等技术外，还不断涌现出新型的热分析技术。例如，热膨胀仪、热导率测试仪等新型热分析仪器已经广泛应用于材料科学、化学、药学等领域的研究中。这些新型热分析技术为科研人员提供了更多的选择和手段来揭示物质的热行为和化学反应机制。

实验 14　电位-pH 曲线的测定

一、实验目的

（1）掌握用酸度计测电位及 pH 值的操作。

（2）测定 Fe-H_2O 系溶液在不同 pH 值条件下的电极电位，绘制该体系的电位-pH 图（部分）。

二、实验原理

电位（ε）、pH 值及活度是溶液中基本反应的重要参数。在一定温度、一定压力和一定的活度的条件下，将电位与 pH 值关系表示在平面图上，就得到电位-pH 图，这种图形广泛地被用于湿法冶金之中，它可以指明反应自动进行的条件，表明物质在溶液中稳定存在的区域和范围，为湿法冶金提供热力学依据。

一般电位-pH 图是通过热力学数据计算绘制出来，这种电位-pH 图称为理论电位-pH 图。实际中的电位-pH 图常常对上述图形发生偏差。下面对理论电位-pH 图的绘制原理和方法及实际电位-pH 曲线的测定进行讨论。

物质在水溶液中的反应，根据有无 H^+ 和电子参加反应，将其分为三类：

Ⅰ类反应：只与电子有关的反应。

$$bB + Ze \xlongequal{\quad} rR \tag{14-1}$$

式中，B 表示反应物；R 表示产物；Z 表示得失电子数。

平衡条件是：
$$\varphi_1 = \varphi_1^{\ominus} + \frac{RT}{ZF}\ln\frac{a_B^b}{a_R^r}$$

Ⅱ类反应：只与 H^+ 有关的反应。

$$bB + nH^+ \xlongequal{\quad} rR + wH_2O \tag{14-2}$$

$$pH_2 = -\frac{\Delta G_T^{\ominus}}{2.303nRT} + \frac{1}{n}\lg\frac{a_B^b}{a_R^r}$$

Ⅲ类反应：与 H^+ 和电子均有关的反应。

$$bB + nH^+ + Ze \xlongequal{\quad} rR + wH_2O \tag{14-3}$$

$$\varphi_3 = \varphi_3^{\ominus} + \frac{2.303RT}{ZF}\lg\frac{a_B^b \cdot a_{H^+}^n}{a_R^r}$$

$$= \varphi_3^{\ominus} - \frac{2.303RT}{ZF}pH + \frac{2.303nRT}{ZF}\lg\frac{a_B^b}{a_R^r}$$

一定温度下，$\varphi_1^{\ominus}$、$\varphi_2^{\ominus}$、$pH^{\ominus}$为常数。

当 $a_B^b = a_R^r$ 或 $a_B^b = a_R^r = 1$ 时，

则 $\varphi_1 = \varphi_1^{\ominus}$；$\varphi_2 = \varphi_2^{\ominus} - KpH$；$pH_2 = pH_2^{\ominus}$。

例如 Fe-H_2O 系在 25 ℃的各类反应：

Ⅰ类反应有：

$$Fe^{3+} + e \longrightarrow Fe^{2+} \tag{14-4}$$

$$\varphi^{\ominus}_{(14\text{-}4)} = 0.77\ V$$

当 $a_{Fe^{3+}} = a_{Fe^{2+}}$ 时，$\varphi_{(14\text{-}4)} = 0.77\ V$。

$$Fe^{2+} + 2e \longrightarrow Fe \tag{14-5}$$

$$\varphi^{\ominus}_{(14\text{-}5)} = -0.44\ V$$

当 $a_{Fe^{2+}} = 1$ 时，则 $\varphi_{(14\text{-}5)} = -0.44\ V$。

Ⅱ类反应有：

$$Fe(OH)_3 + 3H^+ \longrightarrow Fe^{3+} + 3H_2O \tag{14-6}$$

则 $pH^{\ominus}_{(14\text{-}6)} = 1.61$；

当 $a_{Fe^{3+}} = 1$ 时，则 $pH_{(14\text{-}6)} = 1.61$。

$$Fe(OH)_2 + 2H^+ \longrightarrow Fe^{2+} + 2H_2O \tag{14-7}$$

$$pH^{\ominus}_{(14\text{-}7)} = 6.64$$

当 $a_{Fe^{2+}} = 1$ 时，则 $pH_{(14\text{-}7)} = 6.64$。

Ⅲ类反应有：

$$Fe(OH)_3 + 3H^+ + e \longrightarrow Fe^{2+} + 3H_2O \tag{14-8}$$

$$\varphi^{\ominus}_{(14\text{-}8)} = 1.057$$

当 $\alpha_{Fe^{2+}} = 1$ 时，则 $\varphi_{(14\text{-}8)} = 1.057 - 0.177\ pH$。

$$Fe(OH)_2 + 2H^+ + 2e \longrightarrow Fe + 2H_2O \tag{14-9}$$

$$\varphi^{\ominus}_{(14\text{-}9)} = -0.045\ V$$

$$\varphi_{(14\text{-}9)} = -0.045 - 0.0591\ pH$$

$$Fe(OH)_3 + H^+ + e \longrightarrow Fe(OH)_2 + H_2O \tag{14-10}$$

$$\varphi^{\ominus}_{(14\text{-}10)} = 0.271\ V$$

$$\varphi_{(14\text{-}10)} = 0.271 - 0.0591\ pH$$

由于水溶液中进行氧化-还原反应，因此存在氢电极反应和氧电极反应：

$$2H^+ + e \longrightarrow H_2 \tag{14-11}$$

当 $T = 298\ K$、$p_{H_2} = 1\ atm$ 时，$\varphi_{H_2} = -0.0591\ pH$。

而

$$\frac{1}{2}O_2 + 2H^+ + 2e \longrightarrow H_2O \tag{14-12}$$

当 $T = 298\ K$、$p_{O_2} = 1\ atm$ 时，$\varphi_{O_2} = 1.229 - 0.0591\ pH$。

根据上面 9 个平衡反应（见式（14-4）~式（14-12））在 298 K 的相应 φ、pH 值，可以作出 $Fe\text{-}H_2O$ 系在 25 ℃的理论 φ-pH 图，如图 14-1 所示。

综上所述，在一定温度下，对Ⅰ类反应，其电极电位仅与溶液中氧化态和还原态的离子活度有关，当活度为 1，或活度的比值为 1 时，则电极电位为与 pH 无关的常数，其值可以测定。Ⅱ类反应的 pH 值与溶液中离子的对比活度的对数成正比，当活度为 1 或对比活度为 1 时，其 pH 值为常数，该条件下的 pH 值也可用实验测定。对第Ⅲ类反应，当离子对比活度为 1 时，则其电位与 pH 值呈线性关系，可用实验测定指定 pH 值的电位值。由实验测得 φ 和 pH 值后，就可绘制出实际条件下的 φ-pH 值。

实验必须在严格的温度条件下进行，离子的活度或对比活度为 1，这在实验中很难保证，所以实测结果与理想曲线有差别。并且水稳定区以外的曲线难以测定。

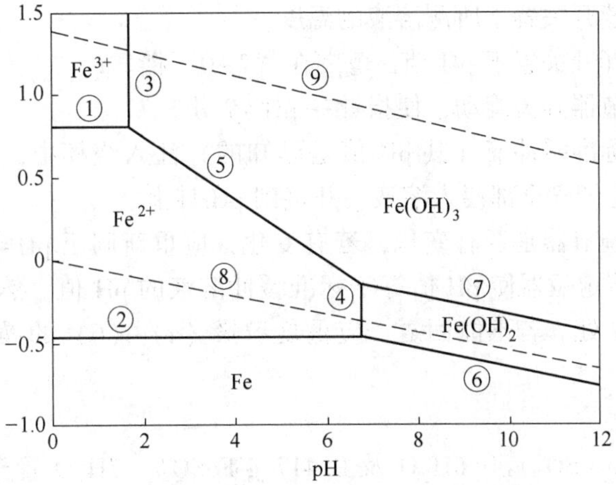

图 14-1　Fe-H_2O 系在 25 ℃的理论 φ-pH 图

①—式（14-4）；②—式（14-5）；③—式（14-6）；④—式（14-7）；⑤—式（14-8）；
⑥—式（14-9）；⑦—式（14-10）；⑧—式（14-11）；⑨—式（14-12）

三、主要仪器及耗材

主要试剂有 $Fe_2(SO_4)_3 \cdot 6H_2O$（分析纯），$FeSO_4 \cdot 7H_2O$（分析纯），H_2SO_4（分析纯），NaOH（分析纯），N_2 气体。

本实验主要仪器设备连接如图 14-2 所示。

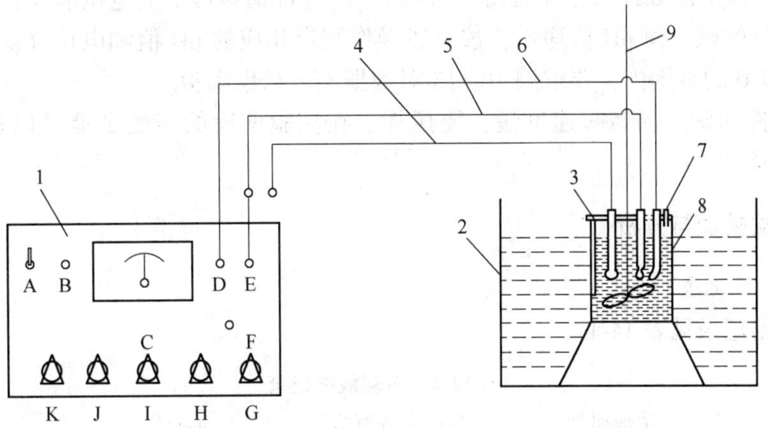

图 14-2　仪器设备连接图

A—电源开关；B—指示灯；C—指示表；D—参比电极接线柱；E—玻璃电极插孔；F—读数开关；G—零点调节器；H—量程选择开关；I—pH-mV 转换开关；J—温度补偿器；K—定位调节器；1—酸度计；2—恒温水浴；3—N_2气加入孔；4—玻璃电极；5—铂电极；6—甘汞电极；7—酸碱加入孔；8—测试烧杯；9—搅拌器

四、实验内容和步骤

（一）校准 pH 计

（1）接通电源，打开电源开关 A 预热 30 min。

（2）将温度补偿开关置于所测溶液的温度。

（3）将量程选择开关置于 pH 档，范围在“7~0”档。

（4）将零点调节器开关旋动，使指针在 pH=7 处。

（5）将适量的标准缓冲液（其 pH 值是已知的）注入烧杯中，使玻璃电极的球部检测端和甘汞电极的毛细管全部浸入溶液，并接到 pH 计上。

（6）检查零点调节器是否有变化，若有变化，应重新调至 pH=7 处。若无变化，可按下读数开关，调节定位器使 pH 值等于标准缓冲溶液的 pH 值。然后放开读数开关，指针应回到原来 pH=7 处。若不能回复，应重复步骤（4）~（6）的操作。若能回复，则校准完毕。

（二）配制溶液

称取 0.381 g $Fe_2(SO_4)_3 \cdot 6H_2O$ 及 0.417 g $FeSO_4 \cdot 7H_2O$ 置于烧杯中，加蒸馏水 150 mL，溶化后加硫酸调节 pH 值为 0.5 左右。

（三）pH 值及电位的测定

（1）测定 pH 值。将标准缓冲溶液移去，用蒸馏水冲洗电极，将电极上黏附的液体用滤纸吸去，换上试杯，使电极照上浸入试液，检查试液温度，调节温度补偿。向溶液中通入少量 N_2，同时进行搅拌，调节零点使指针对准 pH=7 处，按下读数开关，指针所示读数即为待测的 pH 值。

（2）测定电位。溶液的 pH 值测定后，将转换开关置于“-mV”处，将量程选择开关置于“0~7”处。将玻璃电极接头从插口中取出，插上铂电极，旋动零点调节器使指针在“0 mV”处。按下读数开关，此时指针所示值为该 pH 值条件下的电位值（但符号相反）。

加入适量的碱，使 pH 值递增，按上述操作测定相应的 pH 值和电位（φ）值。在 pH 值为 0.5~10.0 的范围内，要求测 10~15 对数据便可结束实验。

（3）缓慢加碱。加碱时速度慢，要搅拌。在实验前段的高酸试液可以加浓一些碱，后一段加稀碱。

五、数据处理与分析

（一）实验记录

实验数据记录见表 14-1。

表 14-1 实验数据记录

室温________℃； 溶液温度________℃； 溶液浓度________ mol/L

序号	1	2	3	4	5	6	7	8	9	10	11	12	13	14
pH 值														
E														

（二）数据处理

（1）电位值的修正。实验温度不同，参考电极的电极电位不同，对于甘汞电极来说，其修正电位（相对于 25 ℃来说）：

$$\varphi_{修} = 0.2415 - 7.6 \times 10^{-4}(t - 25) \quad (V)$$

式中 t——实验溶液的温度，℃。

由于实测的 φ 值是惰性铂电极与甘汞电极组成电池的电动势，即：

$$E = \varphi_{+} - \varphi_{-} = \varphi_{修} - \varphi_{实际}$$

$$\varphi_{实际} = \varphi_{修} - E$$

由上式可以计得不同 pH 值所对应的 $\varphi_{实际}$。

（2）绘制 $\varphi_{实际}$-pH 图。

六、实验注意事项

（1）pH 计校准后，不得再旋动定位器旋钮。

（2）玻璃电极易碎，不得用手触及前端小球泡，更不能碰击。使用玻璃电极前应将该电极在蒸馏水中浸泡 24 h 以上。

七、思考题

14-1　简述实验原理。

14-2　写明数据及数据处理。

14-3　绘制 $\varphi_{实际}$-pH 图。

14-4　与理论 φ-pH 图比较，分析偏差的原因。

实验 15 锌-铜系置换过程动力学实验

一、实验目的

（1）了解水溶液中置换速度随时间的变化规律。

（2）了解置换剂对置换速度的影响。

（3）了解溶液性质对置换速度的影响。

二、实验原理

从热力学出发，任何金属均可被更负电性的金属从溶液中置换出来，负电性的相对大小，可用还原电位进行比较。例如，25 ℃时，$\varphi^{\ominus}_{Zn^{2+}/Zn}=-0.763V$，$\varphi^{\ominus}_{Cu^{2+}/Cu}=0.337\ V$，电位小则表明锌比铜具有更负电性金属，所以将锌置于硫酸铜溶液中，便有铜被置换出来，写出化学反应：

$$CuSO_4 + Zn = ZnSO_4 + Cu\downarrow$$

或

$$Cu^{2+} + Zn = Zn^{2+} + Cu\downarrow$$

热力学计算表明，几乎可以完全将铜沉积出来，然而实际过程中并非如此。该过程不仅仅决定于平衡状态，还与一系列动力学因素有关。

在置换过程中将发生氧化-还原反应，属于内电解过程，过程本身受多种因素的影响，其速度可能由阴极反应控制，也可能由阳极反应控制，或决定于电解质的欧姆电压降。在这一过程中凡是增大电极极化的因素均会降低置换速度。

置换过程服从多相反应的一般规律，当我们宏观研究过程的总速度与时间的关系时，不论置换剂的几何形状如何，其变化规律如图 15-1 所示，但当置换剂负电性越大，其置换速度就越大。

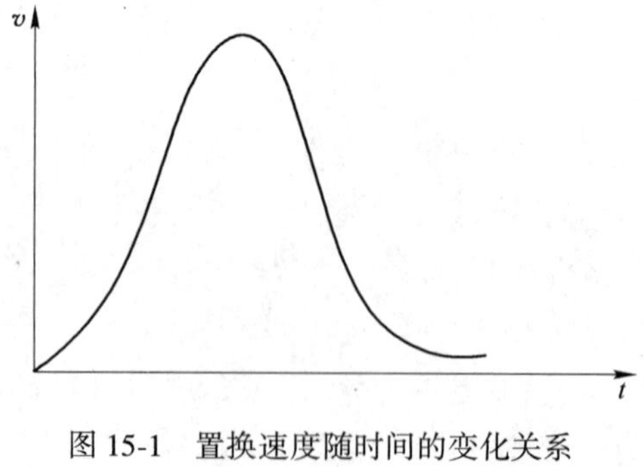

图 15-1 置换速度随时间的变化关系

本实验设计用天平称量置于饱和硫酸铜溶液中的锌板，用锌板单位时间的失重表示置换速度。为了比较不同置换剂的置换速度，还可用其他置换剂（如 Sn）做同样条件下的实验。

为了清除被置换产物在置换剂上沉积和消除浓差扩散的影响，溶液应进行充分搅拌。

三、实验主要试剂和仪器设备

试剂主要有 $CuSO_4 \cdot 5H_2O$（分析纯）；锌板：2 块 40 mm×25 mm×（10～20）mm；锡板：1 块 40 mm×25 mm×（10～20）mm。

本实验主要仪器设备连接如图 15-2 所示。

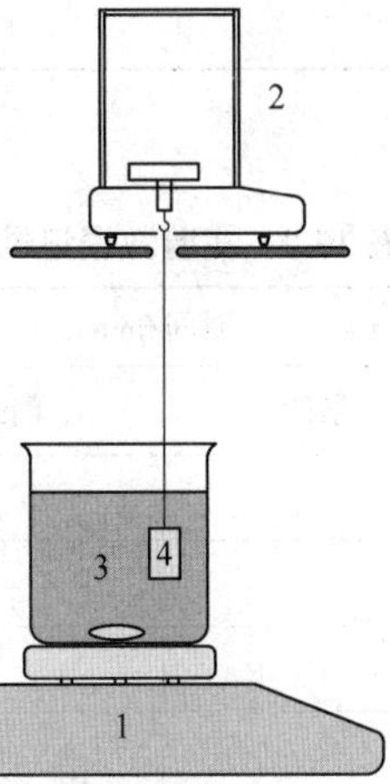

图 15-2 设备连接图

1—磁力搅拌器；2—电子天平；

3—盛 $CuSO_4$溶液烧杯；4—置换剂板

四、实验内容和步骤

（1）将饱和硫酸铜溶液分别盛在 250 mL 的烧杯中，每杯盛 200 mL。

（2）将搅拌机按图装好，搅拌器用玻璃或塑料制成。

（3）用比重瓶测定 $CuSO_4$溶液的密度，并计算锌板、锡板在 $CuSO_4$溶液所受的浮力（N）（已知锌的密度为 7. 1 g/cm^3，锡的密度为 7. 3 g/cm^3）。

（4）将锌板悬在天平一端，在空气称重，然后将锌板悬浸于试杯的溶液中，减去锌板的浮力作为锌板在 $CuSO_4$溶液中的起始重量（在天平上进行验证）。每隔 5 min 读一次数，取得 7 个数据为止（若搅拌影响读数时，可暂停搅拌，待读完数后再搅拌）。

（5）将第一杯溶液移开，取第二杯溶液用锡板进行试验，操作同上。

（6）将第二杯溶液移开，取第三杯溶液，但将其稀释为原浓度的一半用锌板进行试验，操作同上。

五、试验记录

（1）原始条件记录见表 15-1。

表 15-1 原始条件记录

试液密度 /$g \cdot cm^{-3}$	置换板性质				
	种类	质量/g	体积/cm^3	浮力/N	净重/g
	锌板Ⅰ				
	锡板				
	锌板Ⅱ				

（2）实验数据记录见表 15-2。

表 15-2 实验数据记录表

$CuSO_4$溶液密度 /$g \cdot cm^{-3}$	置换板种类	时间/min		减重/g	
		累计	间距	累计	间距

六、数据处理与分析

（1）简述试验原理。

（2）写明实验数据。

（3）计算出时间为 5 min、10 min、15 min、20 min、25 min、30 min 和 35 min 时的置换板失重速度，并作出速度-时间曲线。

（4）分析置换剂和溶液浓度对置换速度的影响。

（5）还原过程中，是否有海绵铜黏附在锌板或锡板表面影响重量测定？可采取什么手段解决这一问题？

实验16 极化曲线测定实验

一、实验目的

(1) 掌握测定极化曲线的方法。

(2) 学习 HDV-7 型晶体管恒电位仪的操作方法。

二、实验原理

无论电解、电积和电镀过程，都离不开阳极、阴极与电解液的相互作用，当处于平衡状态时，其电极反应是可逆的。当有外加电压时，在阳极则发生阳极溶解（失去电子），而金属离子通过溶液在阴极析出。这个过程顺利进行的条件是外加电压必须大于热力学的平衡值，这种偏离平衡态的电极现象，称为极化。如果阳极电位与平衡阳极电位有偏离，称为阳极极化；若阴极电位与阴极的平衡电位有偏离，则称阴极极化。

电极极化的原因，大体上可分为三类：

(1) 电阻极化。由于电极表面形成各种薄膜，如氧化膜、吸附层或其他物质层等，会增加电阻。另外电解质溶液自身也有一定的电阻。为了克服这些电阻进行电解、电积或电镀，需要外加电压，这种极化称为电阻极化，或称欧姆电位降。

(2) 浓差极化。当电极间有电流通过时，两极附近的溶液时刻都在变化，例如在阳极由于氧化溶解的金属离子可能来不及扩散造成局部过浓；而阴极由于金属离子还原析出，若金属离子来不及扩散到阴极区造成局部贫化。这种形成的浓度差而产生的反电势，需要外加电压来克服，这种极化称为浓差极化。

(3) 电化学极化。电极上进行的反应，一般分几步完成，如果其中某一步进行缓慢，则它称为控制性步骤，由于这种缓慢步骤引起偏离平衡态的现象，称电化学极化。

上述偏离平衡电位的大小，称为超电压，在实验中测得的超电压，常常是上述三种超电压（电阻极化、浓差极化和电化学极化）的综合结果。但三种超电压在不同的条件下，它们的值是不同的，例如充分搅拌可以将浓差极化超电压大大降低。

对于电极的平衡状态来说，宏观上不应有电流通过，当有电流通过时，电极必定产生极化现象，从而出现超电压（或称过电压）。所以测定出通过电极的电流密度（A/cm^2）与电极电位，将两者数值关系用图描绘出来的曲线，称为极化曲线。若测出的是阳极电位与电流密度的关系绘制出的极化曲线，称阳极极化曲线；若是阴极电位与电流密度的关系曲线，则称阴极极化曲线。这类曲线在研究电极过程有着重要的意义。

无论是阴极还是阳极，它们都是单个电极，直接测定单个电极的电位是不可能的，只能采取相对标准的比较法，即选择一个合适的标准电极（或称参考电极）与待测电极构成电池，该标准电极的电位是已知的，只要测定电池的电位，就可计算出待测电极的电位，例如用甘汞电极作正极，其电极电位 $\varphi_{甘}$，测得的电池电位为 $\varphi_{测}$，则待测电极电位 φ 应有：

$$\varphi_{测} = \varphi_{甘} - \varphi$$

即

$$\varphi = \varphi_{甘} - \varphi_{测}$$

本实验就是利用甘汞电极为参考电极，测定铜电解精炼时的极化曲线。采用 HDV-7 型晶体管恒电位仪，用恒电位法测阳极极化曲线，用恒电流法测阴极极化曲线。

三、实验主要试剂和仪器设备

试剂主要有 $CuSO_4 \cdot 5H_2O$（分析纯），H_2SO_4（分析纯），饱和 KCl 溶液。

主要设备有恒电位仪（HDV-7 型），电解池，甘汞电极，铜电极。本实验主要仪器设备连接如图 16-1 所示。

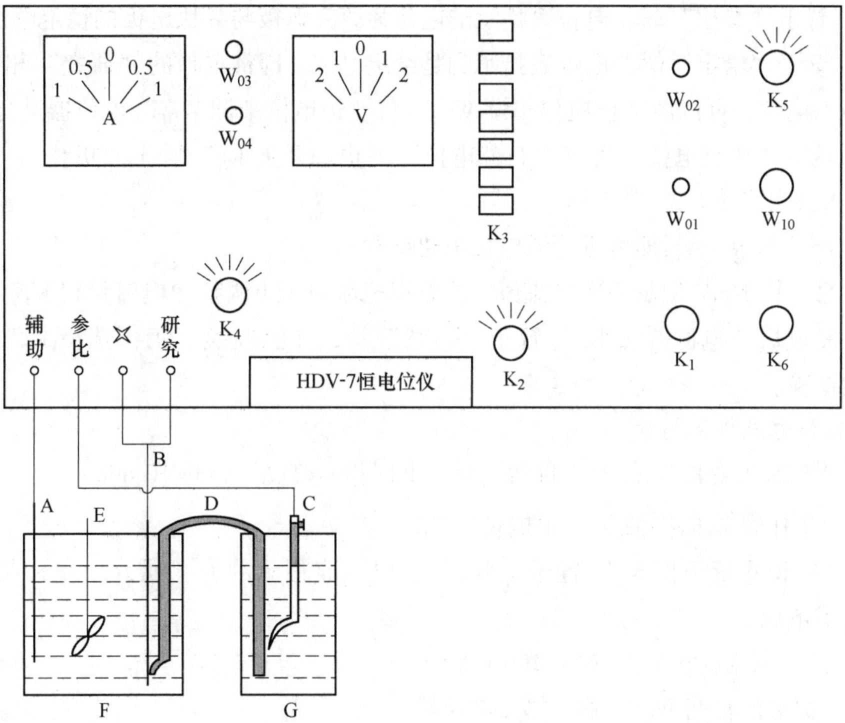

图 16-1　设备连接图

A—辅助电极；B—研究电极；C—参比电极；D—盐桥；E—搅拌器；F—电解槽；G—KCl 溶液

四、实验内容和步骤

（一）电解液制备

电解液主要成分：Cu^{2+} 40 ~ 50 g/L，H_2SO_4 150 ~ 200 g/L 。

（二）电极制备

实验用阴阳极均为紫铜板，每块板仅留 1 cm^2的面积，其余均用双管胶覆盖。将裸露的 1 cm^2面积用“0”号金相砂纸磨光，最后在绒布上磨成镜面。用丙酮除去油污后吹干方可使用。

（三）按图连接线路

需要注意的是，“研究”接线柱与研究电极间的连线的截面积不得小于 1 mm^2。

（四）恒电位仪的调整

通电前，电位量程 K_3 就置于“-3 V～+3 V”档；“补偿衰减 K_5”应置于“0”；“补偿增益 W_{10}”置于“1”。

（五）恒电位极化测量

（1）将“工作选择 K_1”置于“恒电位”档。

（2）“电源开关 K_6”置于“自然”档。此时指示灯亮，预热 15 min。

（3）“电位测量选择 K_2”置于“调零”，此时旋转“调零”电位器，使电位表指零。

当 K_2 置于“参比”时，电位表指示的电位为研究电极与参比电极的稳定电位。

当 K_2 置于“给定”时，电位表指示的是给定电位，即欲选择的“研究”相对于“参比”电位的电位，可以由“恒电位粗调 W_{02}”与“恒电位细调 W_{01}”电位器进行调节。

（4）调节“给定电位”置于“自然电位”，“电源开关 K_6”置于“极化”，仪器进入恒电位极化工作状态。

（5）调节 W_{02}、W_{01} 即可进行恒电位极化试验。

电位每变化 1 mV 记录一次电流值。注意视电流的大小调整“电流量程 K_4”的位置。

实验完成后“电源开关 K_6”置于“自然”档，才能改换“工作选择 K_1”的位置，以做其他试验。

（六）恒电流极化测量

（1）“电源开关 K_6”置于“自然”档。此时指示灯亮，预热 10 min。

（2）“工作选择 K_1”置于“恒电位”档。

（3）“电位测量选择 K_2”置于“参比”，电位表指示的为“研究”电极与“参比”电极的稳定电位。

（4）将“电流量程 K_4”置于 100 mA 档。

（5）“恒电流粗调 W_{03}”置于第五圈位置。

（6）“电源开关 K_6”置于“极化”档，仪器进入恒电流状态。

（7）调节“恒电流粗调 W_{03}”与“恒电流细调 W_{04}”，每增加 5 mA，记下相应的电位变化。

实验完成后，K_6 置于“自然”档。

五、实验记录

（1）恒电位法记录（阳极）见表 16-1。

表 16-1　阳极实验数据记录

室温________℃

给定 φ/mV	0	1	2	3	4	5	6	7
测定/mA								

（2）恒电流法记录（阴极）见表 16-2。

表 16-2　阴极实验数据记录

室温________℃

给定/mA	0	5	10	15	20	25	30	35
测定/mV								

六、数据处理与分析

（1）写明实验数据。

（2）将记录换算成“A/cm^2”，电极电位为伏（V）。

（3）计算出实验温度的甘汞电极电位（V），并计算出各电极电位（V）。

（4）绘制阴、阳极极化曲线图。

七、思考题

16-1　三类极化中，为了减少极化，你认为主要措施是什么？

16-2　测量电路中，参比电极和辅助电极的作用是什么？

第四章　冶金过程及设备实验

实验 17　伯努利方程实验

一、实验目的

（1）验证流体静压原理。

（2）加深对伯努利方程的理解。

（3）验证流体流动时，阻力与流速间的关系。

二、实验原理

在静止流体中，同一水平面上各点压强相等，等压面为水平面，水平面越低压强越大，水平越高压强越小。任一水平面上的位压头和静压头之和为一常数，此常数值只与基准面的位置有关。

当流体流动时，对于理想流体，在微小流束各断面上，其静压头、位压头之和为动压头（即总压头），为一常数：

$$\frac{p_1}{g\rho}+\frac{u_1^2}{2g}+z_1=\frac{p_2}{g\rho}+\frac{u_2^2}{2g}+z_2 \tag{17-1}$$

这就是理想流体伯努利方程式。

对于实际流体，因为流体黏度、流体状态、管道壁的粗糙度和直径变化对流体流动产生阻力，所以在运用中，式（17-1）须计入压头损失才能使方程平衡：

$$\frac{p_1}{g\rho}+\frac{u_1^2}{2g}+z_1=\frac{p_2}{g\rho}+\frac{u_2^2}{2g}+z_2+\sum H_{\mathrm{f}} \tag{17-2}$$

式中　z_1，z_2——微小流束在 1—1，2—2 有效断面中心点，位于基准面以上的高度，即位压头；

$\frac{p_1}{g\rho}$，$\frac{p_2}{g\rho}$——微小流束在 1—1，2—2 有效断面中心点上的压强使得流体沿测压管上升的高度，即静压头；

$\frac{u_1^2}{2g}$，$\frac{u_2^2}{2g}$——在无阻力情况下，具有速度 u_1、u_2 的流体质点，垂直向上的喷高，即动压头；

$\sum H_{\mathrm{f}}$——单位重量实际流体，由 1—1 断面流到 2—2 断面的阻力损失；

ρ——流体密度，$\mathrm{kg/m^3}$。

流体流动过程中，流经直管的摩擦阻力，在滞流状态时，与流速成正比：

$$H_f = \lambda \frac{l + \sum l_e}{d} \frac{u^2}{2g} = \frac{64}{Re} \frac{l + \sum l_e}{d} \frac{u^2}{2g} = \frac{32\mu u(l + \sum l_e)}{gd^2} \tag{17-3}$$

在完全湍流状态时与流速的平方成正比：

$$H_f = \lambda \frac{l}{d} \frac{u^2}{2g} = \varphi(\varepsilon/d) \frac{l}{d} \frac{u^2}{2g} \tag{17-4}$$

式中　λ——摩擦阻力系数，无量纲；

l——流经管道长，m；

$\sum l_e$——管件等局部阻力的当量长度，m；

d——流经管道的直径，m；

u——流体流速，m/s；

μ——流体黏度，Pa・s；

ε——局部阻力系数，无量纲。

总之，流体在流动过程中，除速度之外，其他条件不变时，它的阻力损失总是随流速增大而增大的。

三、实验装置

采用伯努利方程仪，其结构示意图，如图 17-1 所示。

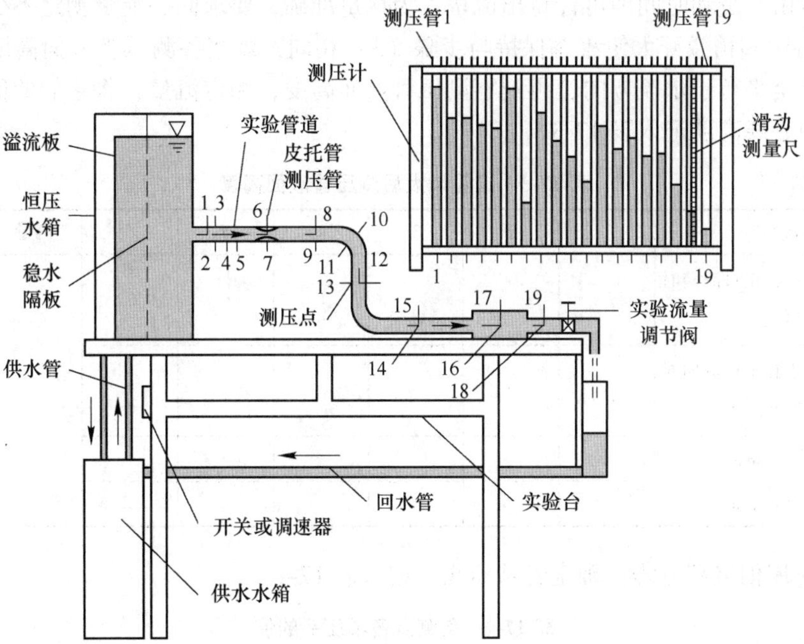

图 17-1　伯努利方程实验装置结构示意图（图中数字为测压点）

该装置中活动测头的小管端部封闭，管身开有一小孔，小孔位置与玻璃管中心线平齐，小管又与测压管相通。转动手柄，活动测头就可以测量动、静压头。由于玻璃管具有不同的管径，位置又有高低不同，测点有前有后，还可以通过闸阀，控制水的流动，使用秒表和量筒测得流量，所以可通过它来了解多种情况下的压头变化。

四、实验步骤

（1）对照实验装置，了解其结构及各部分的性能和作用。

（2）关闭闸阀，开动水泵。待高位水桶液面相对稳定后，观察各测压管液面高度，记入表 17-1，再转动各测点，看测压管液面有无变化。

表 17-1 流体静止时各测压管液面高度

测压管号	1	2	3	4	5	6
液面高度/mm						

（3）将各测点小孔转至正对高位水桶方向，打开闸阀使流态为层流（小流量）或湍流（大流量），观察各测压管液面高度。测定流量记入表 17-2。

表 17-2 流体流动时测压管小孔正对高位水桶方向时测压管液面高度

测压管号	1	2	3	4	5	6	流量 Q_1/mL · s^{-1}
液面高度/mm							

测定流量方法：转动闸阀后端的弯头，使水流入量筒，同时按下秒表计时。待水至一定量后（如 1000 mL）弯头复原，同时再次按下秒表，然后由量筒读取水量，由秒表读取时间，最后由水量和时间即可计算出流量。为尽量准确，要求同一流量测定不少于 2 次。

（4）将闸阀稍微开大使流态保持与步骤（3）相同，观察各测压管液面高度变化；把测头小孔转至平行于水流方向，再观察测压管液面高度，测定流量，将它们的值以及玻璃管内径、中心线高度记入表 17-3 中。

表 17-3 流量增大后测压管液面高度

测压管号		1	2	3	4	5	6	流量 Q_1/mL · s^{-1}
液面高度/mm	小孔正对流向时读数 h_z							
	小孔平行流向时读数 h_p							
玻管内径/mm								
玻管中心线高/mm								

（5）应用伯努利方程，确定各项压头，记入表 17-4。

表 17-4 各测点各项压头的值

测点	1	2	3	4	5	6
总压头 $h_{总}$/mm						
位压头 $h_{位}$/mm						
静压头 $h_{静}=h_p-h_{位}$/mm						
动压头 $h_{动}=h_p-h_z$/mm						

五、报告编写

（1）简述实验原理。

（2）记录数据。

（3）表17-1和表17-2数据进行比较，分析各测压管的相对液面高度。

（4）利用表17-1和表17-2的数据，以及表17-3的第一行数据，对流体流动中阻力损失同流速的关系进行验证。

（5）讨论影响动压头，静压头和位压头的影响因素。

六、拓展阅读

伯努利方程理解和应用

流体在流动中具有三种机械能，即位能、动能、静压能，这三种能量是可以相互转换的，当管路条件改变时（如位置、高低、管径、大小），它们便发生能量转换。

对于理想流体，因为不存在因摩擦而产生机械能损失，因此，在同一管路中的任何两个截面上的三种机械能尽管彼此不一定相等，但各截面上的这三种机械能的和总是相等的。

对于实际流体，在流动过程中有一部分机械能因摩擦和碰撞而损失（不能恢复），转化为热能，因此各截面上的机械能总和是不相等的，两者的差就是流体在这两截面之间因摩擦和湍动转化为热能的机械能，即损失能量。

伯努利方程在冶金工业中主要用于分析流体流动过程中的机械能转换和确定管道中流体的流量。冶金工业中，金属矿物在进入冶金过程之前，需要经过一系列处理，如物料的干燥、配料、混合、润湿、制粒、制团、破碎、筛分等。在这些过程中，流体的流动特性对效率有重要影响。通过应用伯努利方程，可以分析流体在管道中的流动情况，优化流体的流动路径和速度，从而提高处理效率和减少能源消耗。

伯努利原理是流体力学中的一项基本原理，描述了速度越快的流体压力越低，速度越慢的流体压力越高的现象。这个原理被广泛应用于工程学、物理学、航空学、气象学等领域，包括飞机的升力、水力发电、喷气发动机、气象学和汽车设计等。

实验18　雷 诺 实 验

一、实验目的

（1）观察液体流动的两种流态，建立层流、紊流感性认识。
（2）了解雷诺数的测定和计算方法。

二、实验原理

雷诺数的定义式为：

$$Re = \frac{du\rho}{\mu} = \frac{du}{\nu}$$

式中　Re——雷诺数，无量纲；
d——管内径，m；
ρ——流体密度，kg/m^3；
μ——流体黏度，Pa · s；
ν——流体运动黏度，m^2/s；
u——流体流速，m/s。

当 d、ρ、μ 为常量时，$Re \propto u$，即雷诺数随平均流速而变化。而流体的流态与流体流动的雷诺数有关，因此改变流速即可改变流态。

不管什么性质的流体介质（ρ、μ），不论多大的直径（d），当 $Re \leqslant 2000$ 时流动就是层流，$Re \geqslant 4000$ 时流动就是紊流。而在 $2000<Re<4000$ 这个范围内，流态是不稳定的，可能是层流，也有可能是紊流，它常受外界条件的干扰，称为过渡流。层流时，流体质点做平行运动；湍流时，流体质点做杂乱无章运动，因此根据管子中心红色液体的流线形状则可判别流体的流动形态。

三、主要仪器及耗材

采用雷诺实验 Re-1 型装置，其结构示意图如图 18-1 所示。

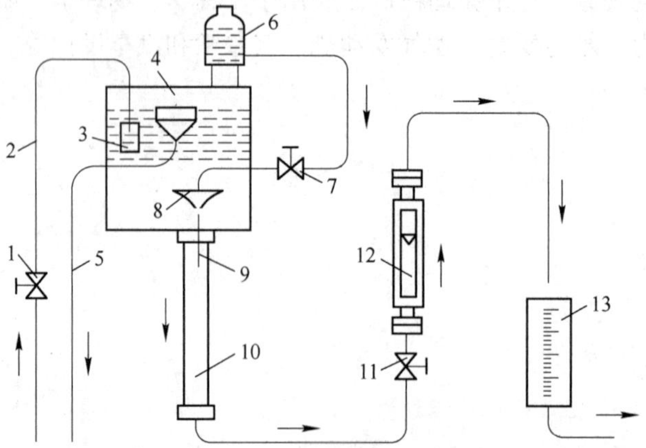

图 18-1　雷诺实验装置

1—进水阀；2—进水管；3—缓冲器；4—水桶；5—回流管；6—墨水瓶；7—墨水针阀；8—喇叭口；9—墨水针；10—玻璃管；11—闸阀；12—转子流量计；13—计量筒

四、实验内容和步骤

首先对照实验装置，搞清它的结构和各部件的性能及作用，然后按以下步骤进行实验。

（1）在玻璃管内的水静止状态下，打开红墨水针阀。让红墨水滴入水中，待针头附近 2~3 cm 的水层染上颜色后停加墨水。打开闸阀，让水在玻璃管中保持层流流动，观察染色的水的分布变化。

（2）打开进水阀，使高位水桶出现并保持微小溢流，然后稍开墨水针阀，让红墨水注入水流。

（3）通过改变闸阀的开启度，使玻璃管从小流量到大流量，再从大流量到小流量（共分 10 档），观察红墨水线的变化，记下它们的形状、流量，并通过图标查出相应的雷诺数。

（4）测量水温，以便选择运动黏度值。

（5）完成实验报告。

五、实验记录

雷诺实验记录及计算见表 18-1。

表 18-1　雷诺实验记录及计算表

试管内径 d=________ mm；　断面面积 A=________ m^2；　水温 t=________℃；

运动黏度 ν=________ m^2/s；　水的密度 ρ=________ kg/m^3

序号	流量计示值 /$L \cdot h^{-1}$	雷诺数		墨水线的形状
		查表值	计算值	
1				
2				
3				
4				
5				
6				
7				
8				
9				
10				

六、思考题

18-1　为什么临界雷诺数 2000 和 4000 可作为判别流体两种流态的判据，实验中的流态哪几次是层流，哪几次是紊流？

18-2　影响临界雷诺数大小的因素有哪些？

18-3　你对该实验有什么评价和改进意见？

实验 19 流体流速、流量的测量方法及毕托管的校正

一、实验目的

（1）熟悉大气压力计、多管式压力计、毕托管的工作原理、结构和使用方法。

（2）学会使用毕托管来测量矩形断面上的流速并计算流量。

（3）掌握毕托管的校正方法，确定毕托管的校正系数。

二、实验原理

流体流动时的能量，包括静压能、动压能和位压能。对于不可压缩的理想流体，这 3 种能量之和为一常数。当流体水平流动时，位压能保持不变，则其静压能与动压能之和为常数，称为全压能，即：

$$p(\text{静压能}) + (u^2/2)p(\text{动压能}) = p_o(\text{全压能}) \quad (19\text{-}1)$$

毕托管测量流速的原理就是根据式（19-1），通过测得流体的 p_o（全压能）和 p（静压能）来算出流体速度的大小。上式也可写为：

$$u = \sqrt{\frac{2(p_o - p)}{\rho}} \quad (\text{m/s}) \quad (19\text{-}2)$$

式中 ρ——流体密度，kg/m^3；

u——流体流速，m/s；

p_o——全压能，即全压力，N/m^2；

p——静压能，即静压力，N/m^2。

毕托管实际上是由测全压力管和测静压力管组成的复合测管。它由两个同心套管构成，中心管头部敞开，接受全压力；外套管头封闭，而侧面周围开有许多小孔，接受静压力。使用时毕托管必须垂直迎向气流方向，接受真正的全压力和静压力，然后通过胶管分别接在多管压力计上，测量全压力和静压力。其装置如图 19-1 所示。

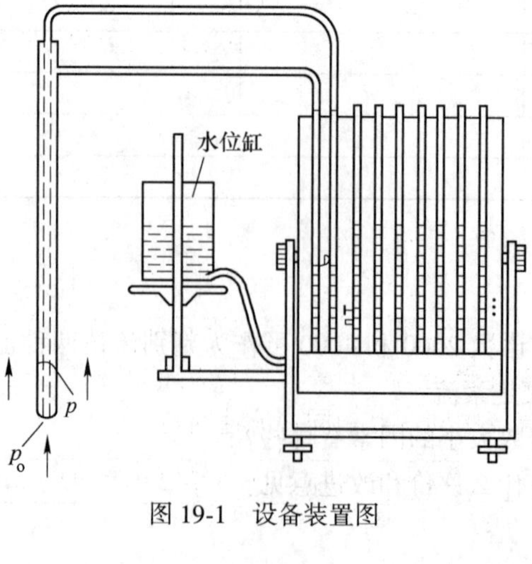

图 19-1 设备装置图

毕托管测得的为某点的速度。为了确定某截面上的平均速度，必须将该截面按面积均分若干份，测定各份的速度后再求其平均值：

$$u_{均} = \frac{\sum F_i u_i}{nF_i} = \frac{1}{n}(u_1 + u_2 + \cdots + u_n) \tag{19-3}$$

对矩形截面上的测点位置安排如图 19-2 所示。

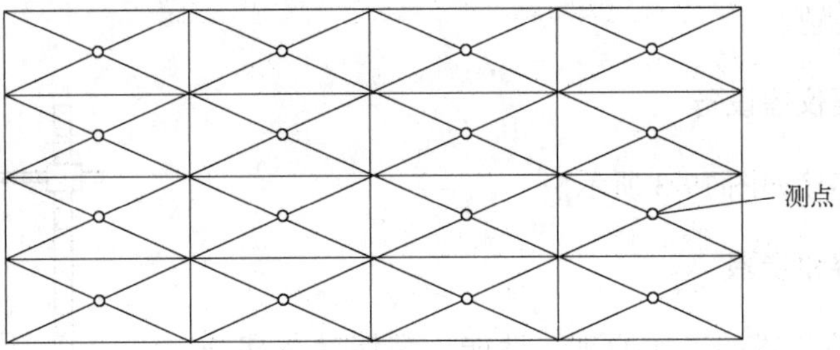

图 19-2　测点位置安排图

当测得平均流速后，根据截面积 F 的大小，即可求得流量：

$$Q = u_{均} \times F \quad (\mathrm{m^3/s}) \tag{19-4}$$

全压力和静压力可用多管式压力计分别测得，也可用 U 形管压力计或斜管压力计综合测得其差值，即动压力值。在使用时首先调整其水平，即利用底盘上的调整螺丝，观察水准泡位置，使其处于泡中心位置（U 形压力计无水准泡）。然后接上引压管，即可测得压力大小，待其读数稳定后，调整水位缸的高度，使通大气的液柱中的水位处于某个合适的位置，这时即可读数。

读数时以液面的最低点为标准（因其中的液体为水，若为水银时则读最高点）。如果测得的读数较小，可将多管压力计旋转至斜倾一定角度，则可读得较大读数，但实际压力读数应乘以倾斜角的正弦值。如果所测压力波动较大，则可在管路上加一段阻尼管（如用一段玻璃毛细管连通，或用螺旋夹夹住，使流通面积减小，但不得夹死）。

由于毕托管的几何形状及制造工艺水平不同，测得的动压力（p_o-p）并非真正实际的动压力。因为严格来说，测得的只是驻点附近的平均全压力，而不是驻点的全压力，同时静压力孔附近的流体静压力要受到毕托管头部形状的影响，很难测得真实的静压力，因此必须引入校正系数 ξ。校正后的关系如下：

$$u = \sqrt{\frac{2(p_o - p)\xi}{\rho}}$$

式中　ξ——毕托管校正系数，其值一般大于 1。

对每根毕托管，都必须经校正确定 ξ 值后才能使用。结构良好的毕托管的 ξ 值接近 1。

在实验中，利用已知校正系数 $\xi_{已}$ 值的标准毕托管，用比较法来校正未知校正系数 $\xi_{未}$ 的毕托管。校正时它们是置于流场中同一点，其流速相同，通过比较测量值来计算被校毕托管的校正系数。测量流场中同一点的同一流速时有

$$u = \sqrt{\frac{2(p_o - p)_{未}\xi_{未}}{\rho}} = \sqrt{\frac{2(p_o - p)_{已}\xi_{已}}{\rho}}$$

由上式可得：

$$\xi_{未} = \frac{(p_o - p)_{已}\,\xi_{已}}{(p_o - p)_{未}}$$

式中 $(p_o - p)_{未}$ ——用未知 ξ 的毕托管测得的动压力；

$(p_o - p)_{已}$ ——用已知 ξ 的毕托管测得的动压力。

在不同流速情况下，可有不同的 $\xi_{未}$ 值，可以画出校正曲线。为使用方便，也可求其平均值应用于各流速。

三、实验主要仪器设备

本实验设备连接如图 19-3 所示。

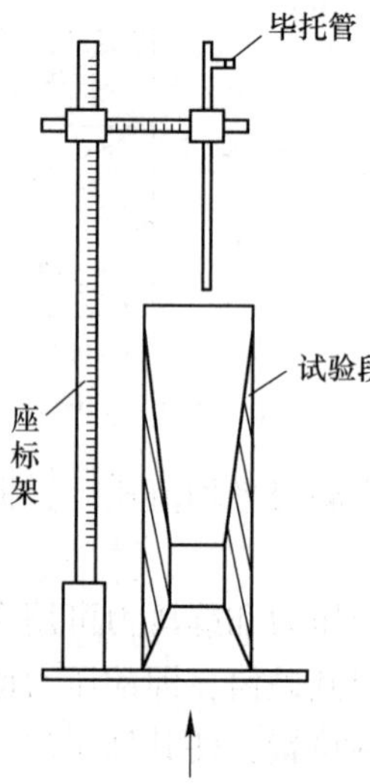

图 19-3 主要仪器

四、实验内容和步骤

（1）了解实验装置的工作原理、性能，掌握其各部分的操作方法及作用；

（2）将出口横截面分成 16 个等分小格，将标准毕托管固定在座标架上后插入出口（深约 2 cm）；

（3）将风机开关旋至顺的位置，开动鼓风机，将风闸拉出 1/3 左右；

（4）移动毕托管，测出每个等分小格中心处的全压力和静压力；

（5）将风闸拉出 2/3 左右，再测出每个等分小格中心处的全压力和静压力；

（6）在 10 个不同流量的情况下（用风闸调节），分别用标准毕托管和被校毕托管测出出口横截面中心处气流的全压力和静压力（操作中应尽量使毕托管顶端处在风出口同一横截面上，即保证两管测点在同一位置高度）；

（7）用水银温度计和大气压力表读取并记下大气温度及大气压力。

五、实验数据

实验数据记录见表 19-1 和表 19-2。

表 19-1 两个不同流量下，用标准毕托管在 16 个分格中心处测得数据

大气温度 t=________℃ ； 大气压力 $p_{大气}$=________ mmHg 柱

测点	全压力 p_o /mmH_2O		静压力 p /mmH_2O		测点	全压力 p_o /mmH_2O		静压力 p /mmH_2O	
	流量Ⅰ	流量Ⅱ	流量Ⅰ	流量Ⅱ		流量Ⅰ	流量Ⅱ	流量Ⅰ	流量Ⅱ
1					4				
2					5				
3					6				

续表 19-1

测点	全压力 p_o /mmH$_2$O		静压力 p /mmH$_2$O		测点	全压力 p_o /mmH$_2$O		静压力 p /mmH$_2$O	
	流量Ⅰ	流量Ⅱ	流量Ⅰ	流量Ⅱ		流量Ⅰ	流量Ⅱ	流量Ⅰ	流量Ⅱ
7					12				
8					13				
9					14				
10					15				
11					16				

表 19-2　不同流量情况下，在风出口中心处测得的气流数据

流量		1	2	3	4	5	6	7	8	9	10
标准毕托管测得的	全压力 p_o /mmH$_2$O										
	静压力 p /mmH$_2$O										
被测毕托管测得的	全压力 p_o /mmH$_2$O										
	静压力 p /mmH$_2$O										

六、数据处理

（1）流体性质计算

将压强的毫米水柱单位换算成国际单位，即 Pa。

$$p'_o[\mathrm{Pa}] = 9.81p_o \quad (\mathrm{mmH_2O})$$
$$p'[\mathrm{Pa}] = 9.81p \quad (\mathrm{mmH_2O})$$
$$p'_{大气}[\mathrm{Pa}] = 133.32p_{大气} \quad (\mathrm{mmHg})$$

根据测点处的静压力和气流温度由理想气体状态方程式计算气体密度，本实验测点处气流的静压力可取大气压力，气流温度等于大气温度，因此气流密度（kg/m^3）可由下式计算。

$$\rho = \frac{p_{气}M}{RT} = \frac{133.32p_{大气}}{287(273+t)}$$

（2）利用下式求各点速度：

$$u = \sqrt{\frac{2(p'_0 - p')\xi}{\rho}} = \sqrt{\frac{2 \times 9.81(p_0 - p)\xi}{\rho}} \quad (\mathrm{m/s})$$

本实验此处的压力差代绝对值。

将数据整理结果列入表 19-3。

表 19-3 各测点的流速

测点	流速 u/m · s^{-1}		测点	流速 u/m · s^{-1}		测点	流速 u/m · s^{-1}	
	流量Ⅰ	流量Ⅱ		流量Ⅰ	流量Ⅱ		流量Ⅰ	流量Ⅱ
1			7			13		
2			8			14		
3			9			15		
4			10			16		
5			11			⋮		
6			12			平均		

（3）利用下式求被校正毕托管的 $\xi_{未}$ 值，并求其平均值：

$$\xi_{未}=\frac{(p_o-p)_{已}\,\xi_{已}}{(p_o-p)_{未}}$$

将计算结果列于表 19-4 中。

表 19-4 不同流量下标准与被校正毕托管的动压测量值和被校正毕托管的校正系数值

流量	1	2	3	4	5	6	7	8	9	10	平均
$(p_o-p)_{已}$											
$(p_o-p)_{未}$											
$\xi_{未}$											

七、思考题

19-1 如果所测管道截面为圆形，应如何来安排测点以求平均流速，从而确定流量？

19-2 当测量圆形管道的流量时，如何利用其中心速度来考虑其平均流速，以简化流量测量，其应用的条件有哪些？

19-3 毕托管校正系数受到哪些因素的影响？

19-4 用毕托管测量流量时为什么一定要对准来流方向，除此之外还应注意些什么？

实验 20　空气纵掠平板时局部换热系数的测定

一、实验目的

（1）了解试验装置的原理，测量系统及测试方法。

（2）通过对实验数据的整理，了解沿平板局部换热系数的变化规律。

（3）分析讨论换热系数变化的原因，以加深对对流换热的认识。

二、实验原理

局部换热系数 α（单位为 $W/(m^2 \cdot ℃)$）由下式定义：

$$\alpha = \frac{q}{t - t_f}$$

式中　q——物体表面某处的热流密度，$W/(m^2 \cdot ℃)$；

t——相应点的表面温度，℃；

t_f——空气主流的温度，℃。

在实验装置上所用的试件是平板，纵向插入一风道中，板表面包覆着一薄层金属片。利用电流流过金属片对其加热，可以认为金属片表面具有恒定的热流密度。测定流过金属片的电流和其上的电压降，即可准确地确定表面的热流密度。表面温度的变化直接反映出表面换热系数的大小。

三、实验装置及测量系统

图 20-1 所示为实验装置简图，试验风道由有机玻璃制成，中间插入可移动的平板，平板中间设有 22 对热电偶，沿轴不均匀排列，通过热电偶换接件与电位差计相连。不锈钢片的两端经导线与电源联结。

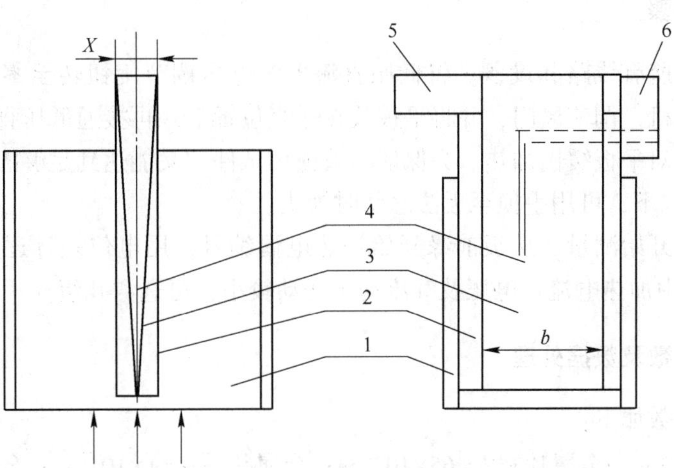

图 20-1　测定空气纵掠平板时局部换热系数试验段

1—风道；2—平板；3—不锈钢片；4—热电偶；5—电源导板；6—热电偶解换板

图 20-2 所示为实验装置原理图。低压直流电源 1 供给低压直流大电流，电流量通过串联在电路中的标准电阻 5 上的电压降来测量。为简化测量系统，测量平板壁温 t 的热电偶的参考温度不用零摄氏度，而用空气流的温度 t_f，即其热电偶热端 6 设在板内，热电偶冷端 7 则放在风道气流中。所以热电偶反映为温差 $t-t_f$ 的热电势 E_{t-t_f}。片两端的电压降也用电位差计测量。为了能用一台电位差计测量热电偶毫伏值，标准电阻上的电压降及片两端电压降，设有一转换开关 9 再接入电位差计。在测量片两端电压降时，受电位差计量程限制，电路中接入一分压箱 8。用毕托管 12 通过倾斜式微压计 11 测量掠过平板的气流动压，以确定空气流速。

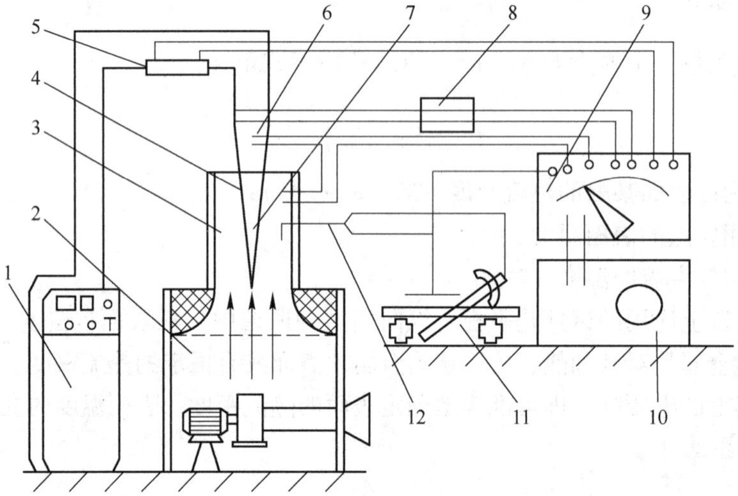

图 20-2　测定空气纵掠平板时局部换热系数的实验装置及测量系统

1—低压直流电源；2—风源；3—试验段风道；4—平板试件；5—标准电阻；6—热电偶热端；7—热电偶冷端；8—分压箱；9—转换开关；10—电位差计；11—微压计；12—毕托管

四、实验步骤

连接并检查所有线路和设备。将低压直流电源电压调节旋钮转至零位。调正电位差计。然后打开风机，调节风门，并将平板放在适当位置上，再接通低压直流电源，并逐步提高输出电压，对平板缓慢加热。为保证不致损坏试件，又能达到足够的测温准确度，片温控制在 80 ℃以下，可用手摸至无法忍受时为止。

待热稳定后开始测量。从板前缘开始按热电偶编号，用电位差计逐点测出温差电势 E_{t-t_f}。测量过程中加热电流、电压及气流动压变动较小，可选测几组。

五、基本参数及数据处理

平板试件参数如下：

板长 $L=0.33$ m；金属片宽 $b=65\times10^{-3}$ m；金属片厚 $\delta=1\times10^{-2}$ m；金属片总长 $l=2L=0.66$ m。

热电偶布置见表 20-1。

表 20-1 热电偶布置

测点热电偶编号	1	2	3	4	5	6	7	8	9	10	11
离板前缘距离 x/mm	0	0	2.5	5	7.5	10	15	20	25	32.5	40
测点热电偶编号	12	13	14	15	16	17	18	19	20	21	22
离板前缘距离 x/mm	50	60	75	90	110	130	160	190	220	260	300

(一) 金属片壁温 t

所用测温热电偶为铜-康铜热电偶。当以室温作参考温度，热端温度在 50~80 ℃范围内变化时，热电偶冷、热端每一度温差的热电势输出可近似取 0.043 mV/℃，这对试验已足够准确。因此，测得反映温差 $t-t_f$ 的热电势 E_{t-t_f}(mV)，即可求出：

$$t - t_f = E_{t-t_f}/0.043 \quad (℃)$$

(二) 流过金属片的电流 I

由于金属片与标准电阻串联，因此流过标准电阻上的电流即为流过金属片上的电流。现已知标准电阻的阻值为 75 mV/150 A，所以只要测得标准电阻上的电压降，即可求得流过标准电阻的电流即金属片上的电流 I。根据电路知识有：

$$I = U_1/(75/150) = 2U_1 \quad (A)$$

式中 U_1——标准电阻两端的电压降，mV。

(三) 金属片两端的电压降 U

$$U = TU_2 \times 10^{-3} \quad (V)$$

式中 T——分压箱倍率，数值为 201；

U_2——经分压箱后测得的电压降，mV。

(四) 空气掠过平板的速度 u_2

据毕托管测得的气流动压头 $p_{动}$(mmH_2O)，可由下式计算出空气掠过平板的流速：

$$u = \sqrt{\frac{2 \times 9.81 p_{动}}{\rho}} \quad (m/s)$$

式中 ρ——气流密度，kg/m^3。

气流密度可据气流温度和气流压力由理想气体状态方程式计算出。气流压力可由倾斜式压差计和大气表测出。

(五) 局部对流换热系数 α_x

假设：(1) 电热功率均布在整个片表面；(2) 不计片向外界辐射散热影响；(3) 忽略片纵向导热的影响。局部换热系数 α_x 可按下式计算：

$$\alpha_x = \frac{UI}{lb(t - t_f)} \quad (W/(m^2 \cdot ℃))$$

(六) 局部努谢尔特 (Nusselt) 数 Nu_x 与雷诺数 Re_x

$$Nu_x = \frac{\alpha_x x}{\lambda}$$

$$Re_x = \frac{ux}{\nu}$$

式中 x——测点热电偶离平板前缘距离，m；

λ——空气的导热系数，W/(m^2·℃)；

ν——空气的运动黏度系数，m^2/s。

用来流与壁温的平均值作为定性温度，即 $\dfrac{\bar{t}+t_f}{2}$。平均壁温 $\bar{t}=\dfrac{t_{max}+t_{min}}{2}$。

六、实验记录

（1）将实验结果填入表20-2，基本参数（电流 I，电压 U，来流动压 $p_{动}$、来流速度 u，来流温度 t_f，板长 L，金属片宽 b，空气密度 ρ，空气导热系数 λ，空气运动黏度系数 γ 等）和对沿平板对流换热的变化规律及影响对流换热系数的因素作出分析，即 α_x-x 曲线。

（2）严格按使用步骤使用电位差计，以免造成损坏；为确保壁温不超出允许范围，启动和停止工作必须注意操作程序，启动时应先开风机，后逐步加热；试验结束时，应先关加热电源，再关风机。

表20-2 空气纵掠平板时换热实验计算结果

电流 I=________A；　电压 U=________V；　来流动压 $p_{动}$=________mmH$_2$O；

来流速度 u=________m/s；　来流温度 t_f=________℃；　板长 L=________m；

金属片宽度 b=________m；　空气密度 ρ=________kg/m^3；

空气导热系数 λ=________W/(m·K)；　空气运动黏度系数 ν=________m^2/s

编号	x/mm	E_{t-t_f}/mV	$t-t_f$/℃	α_x/W·(m^2·℃)$^{-1}$	Nu_x	Re_x
1	0					
2	0					
3	2.5					
4	5					
5	7.5					
6	10					
⋮						

七、报告编写

（1）简述实验原理。

（2）写明实验数据。

（3）根据数据作出 α_x-x 曲线，分析 α_x 的变化规律。

（4）作出 Nu_x 与雷诺数 Re_x 的曲线关系，分析其变化规律。

（5）讨论影响换热系数的因素。

（6）分析引起实验误差的原因有哪些？

八、拓展阅读

换热系数测定的应用场景

换热系数测定的意义在于评估换热设备的性能和效率，确保其在特定工况下的传热效果。具体来说，换热系数反映了换热器在单位时间内通过单位面积传递的热量，是衡量换热效果的重要参数。其运用主要如下：

（1）工业生产。在化工、石油、电力等工业领域，换热设备的效率直接影响生产效率和能源消耗。通过测定换热系数，可以优化设备设计，减少能源浪费。

（2）节能减排。在节能减排的大背景下，准确测定换热系数有助于发现传热过程中的瓶颈，采取措施提高传热效率，减少能源消耗和环境污染。

（3）设备维护和故障诊断。定期测定换热系数可以帮助及时发现设备老化或堵塞等问题，提前进行维护，避免生产中断。

实验 21　空气横掠圆柱体时局部换热系数的测定

一、实验目的

（1）了解实验装置的原理，测量系统及测试方法。

（2）通过对实测数据的整理，了解圆柱体的局部换热系数变化规律。

（3）分析讨论局部换热系数变化的原因，以加深对对流换热的认识。

二、实验原理

该实验装置所用的试件是一圆柱体，横向放置在风道中，柱体表面包覆着一层金属片。除此之外，其余可参照实验 20 的实验原理。

三、实验装置及测量系统

与实验 20 相同，实验装置本体是一风源和实验段组成。图 21-1 所示为实验段简图。有机玻璃风道 1 中间横置一个可旋转的胶木圆柱体 2。其中间段外围包覆有一层不锈钢片，片内表面设置了铜-康铜热电偶 4，在热电偶所处位置的同一母线处的圆柱体上开有一测压孔 5，不锈钢片两端与电源导板 6 连接。

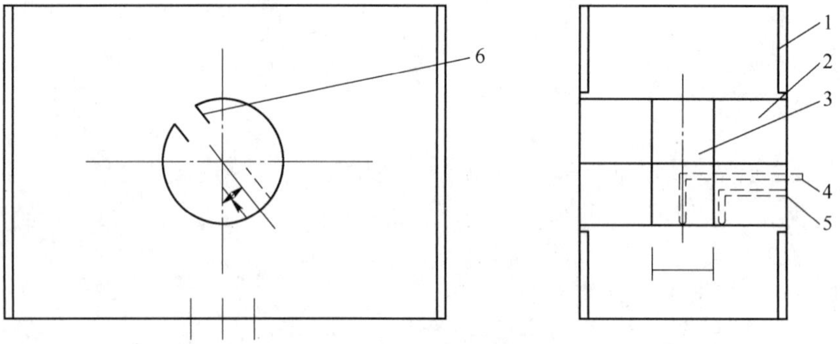

图 21-1　实验段简图

1—风道；2—圆柱体；3—不锈钢片；4—热电偶；5—测压孔；6—电源导板

图 21-2 所示为该实验装置及测试系统原理图。风源 2 为一箱式风洞，似一工作台。风机、稳压箱、收缩口都设在箱内。入口处有一调节风门，风箱中央为空气出口，形成一有均匀流速的空气射流。实验段风道 3 放在风口上。圆柱体上的不锈钢片由低压直流电源 1 供给的直流电流直接通电加热。电路中串联一标准电阻 5。用电位差计 10 经转换开关 9 测量标准电阻 5 上的电压降，然后确定流过不锈钢片的电流。不锈钢片两端的电压降也用电位差计测量，由于受量程限制，测压电路中接入分压箱 8。

为了简化测量系统，测量片壁温 t 的热电偶的参考点温度不用 0 ℃，而用空气流的温度 t_f，即热电偶热端 6 设在片内表面，热电偶冷端 7 则放在空气流中。所以热电偶反映的为片温度（壁温）与空气温度之差 $t-t_f$ 的热电势 E_{t-t_f}，其值也通过转换开关用同一电位差计测量。

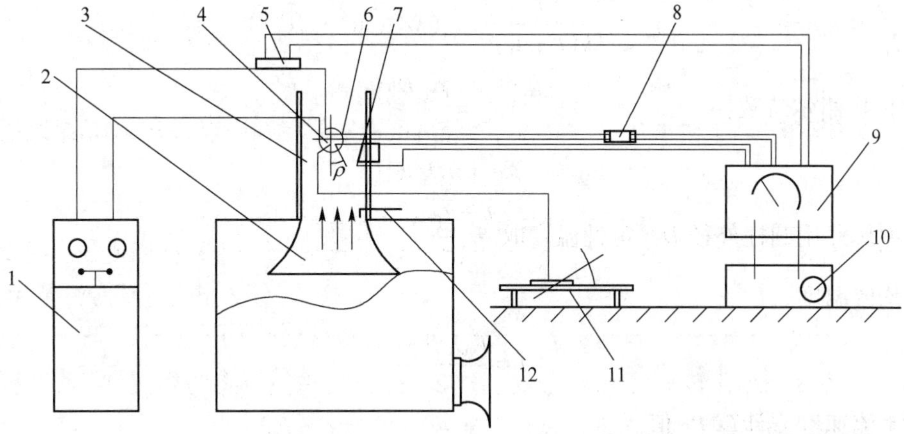

图 21-2　测定空气横掠圆柱体时局部换热系数的实验装置及测量系统原理图

1—低压直流电源；2—风源；3—实验段风道；4—圆柱试件；5—标准电阻；6—热电偶热端；7—热电偶冷端；8—分压箱；9—转换开关；10—电位差计；11—微压计；12—毕托管

空气流沿圆柱表面的压力由倾斜式微压计 11 测量。空气“来流速度”由毕托管 12，也通过倾斜式微压计读取数据。

由于测压孔和测点处的热电偶是固定在圆柱体的表面上，当圆柱体旋转时测点也跟着旋转，因此只要改变圆柱体的旋转角度 φ，就可测出不同角度处柱表面的温度和空气压力。

四、实验步骤

打开风机，调节风门在适当位置。旋转圆柱体，使测温点和测压孔在来流前驻点位置，即旋转角 $\varphi=0°$ 的位置。将低压直流电源电压调节旋钮转至输出电压零位。然后接通电源，并逐步提高输出电压，对不锈钢片缓缓加热。为保证不至于损坏试件，又能达到足够的测温准确度，不锈钢片表面温度应控在 80 ℃以下。为此可用手不断地抚摸钢片表面，然后逐步升高工作电压至手不能忍受为止。

待温度稳定后开始测量。从前驻点（$\varphi=0°$）到后驻点（$\varphi=180°$），每隔 5°作一测点。用电位差计测出各点热电偶的温差热电势值 E_{t-t_f}，用微压计测出各点相应的气流压力 p_φ。每旋转一角度需待稳定后再测量。测量可沿圆柱一半进行，但作为对称性检验，可测完圆柱一半后，另一半选几点复测。测量过程中加热电流和电压变动较小，可选测几组数据。

五、基本参数及数据处理

圆柱体试件的基本参数为：直径 $D=48\times10^{-3}$ m；不锈钢片厚 $\delta=1\times10^{-3}$ m；不锈钢片宽度 $b=40\times10^{-3}$ m；不锈钢总长 $L=0.147$ m。

（1）不锈钢片壁温 t，流过不锈钢片的电流量 I，不锈钢片两端电压降 U 的计算式与实验 20 相同。

（2）局部对流换热系数 α_φ 计算式的应用假设条件与实验 20 相同，计算式为：

$$\alpha_{\varphi}=\frac{UI}{Lb(t-t_f)}\quad (W/(m^2\cdot ℃))$$

（3）努谢尔特数：

$$Nu_{\varphi}=\frac{\alpha_{\varphi}D}{\lambda}$$

$$Re=uD/\nu$$

定型尺寸用圆柱外径 D，定性温度取 $\frac{\bar{t}+t_f}{2}$。

平均壁温度

$$\bar{t}=\frac{t_{max}+t_f}{2}$$

用来流速度 u 计算 Re 值。

六、实验要求及数据处理

实验要求同实验 20。

将数据处理结果记录在表 21-1 中。

表 21-1　空气横掠圆柱体时换热实验数据记录及计算结果

空气温度 t_f=________℃；　电压 U=________V；　电流 I=________A；

毕托管动压 $p_{动}$=________ mmH_2O；　来流静压 $p_{静}=p_{\varphi=0}-p_{动}$=________ mmH_2O；

来流速度 u=________m/s；　雷诺数 Re=________；　圆柱直径 D=________m；

金属片宽 b=________m；　金属片长 L=________m

旋转角 φ/(°)	E_{t-t_f}/mV	p_{φ}/mmH_2O	$t_{\varphi}-t_f$/℃	t_{φ}/℃	α_{φ}/W·$(m^2\cdot ℃)^{-1}$	Nu_{φ}
0						
5						
10						
15						
20						
25						
30						
⋮						

第五章　金属学与热处理实验

实验 22　金相样品的制备

一、实验目的

（1）掌握金相试样的制备流程，包括取样、磨光、抛光和浸蚀等基本操作方法。
（2）理解金相制备过程中各工序的作用及其对显微组织观察效果的影响。
（3）学会选用合适的浸蚀剂和掌握适当的浸蚀技术，制备出清晰可辨的金相组织。
（4）培养实验操作能力和材料组织分析能力，为金相显微观察和组织分析打下基础。

二、实验原理

为了在金相显微镜下研究金属材料的内部组织，必须首先制备金相样品，金相样品的质量是正确观察显微组织的先决条件。所以金相样品的制备是金属材料及热处理工作者的一项基本技能。

首先制备出表面平整光洁的金相样品，然后选用合适的浸蚀剂对试样表面进行浸蚀，使试样表面有选择性地溶解掉某些部分（如晶界），从而呈现微小的凹凸不平。这些凹凸不平在光学显微镜的景深范围内可以显示出试样的组织形貌、大小和分布。

三、主要仪器及耗材

实验仪器：金相预磨机、金相抛光机、金相/光学显微镜。

实验材料：金相砂纸、玻璃平板、抛光布、抛光膏、滤纸、棉签、金相标准样、培养皿、腐蚀用的化学试剂溶液、酒精、吹风机等。

注：需要专门的金相实验场地。

四、实验内容和步骤

金相样品的制备包括以下 4 道工序，即取样、磨光、抛光和浸蚀。

（一）取样

根据金相检验的目的，选择有代表性的部位切取一小块试样，形状和尺寸以便于制样为原则。圆形试样为 ϕ12 mm×12 mm 左右、方形试样宜在 12 mm×12 mm×12 mm 左右，磨面应小于 2 cm^2，对硬度不高的材料可用锯或车床切取。而对于高硬度的材料则需用砂轮切割机切取，并在切割时注意冷却，以免发热使组织发生变化。对于细小的试样则需用机械、塑料、电木粉或树脂进行镶嵌。

（二）磨光

磨制是为了获得平整和光洁的观察面，为显示组织准备好条件。试样的磨制分粗磨和细磨。

粗磨是用砂轮或锉刀（有色金属材料）磨平观察面。操作时应注意不使试片发热引起组织变化。因此在砂轮上磨平时须经常地放入冷水中冷却，粗磨后试片仍保留有较粗的磨痕，还须进行细磨。

手工细磨是将金相砂纸放在玻璃板上。磨料过程中应使整个磨面受压均匀。正确的操作姿势如图 22-1 所示。每次更换下一号细砂纸时须将试样清理干净，避免将粗砂粒带到细砂上致使试样划成较深的划痕。同时磨光的方向应转 90°（即与上号砂纸磨痕的方向垂直），直到上号砂纸产生的磨痕消失为止。并在这个磨面上产生一个方向的新磨痕，再换下一号砂纸。依次进行直到磨面达到抛光前应有的光洁度。

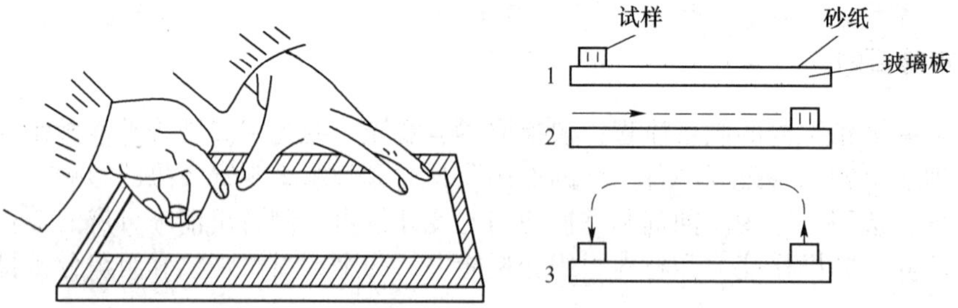

图 22-1　手工磨示意图

金相砂纸的规格依据其磨粒大小，一般用目数来表示。目数的含义是指一平方英寸的面积上筛网的孔数。目数越高，磨料就越细。性能上一般要求耐水，这样的磨料有白刚玉（氧化铝）、碳化硅，以及混合磨料，制作这类砂纸通常以粒度均匀、磨削效果极佳的碳化硅磨粒为主磨料，大多数的金相砂纸通常是采用乳胶纸以“静电植砂”工艺制造出的，“静电植砂”工艺具有磨粒分布均匀、磨削锋利、经久耐用的特点。其缺点是由于这种工艺磨料都是竖立在砂纸表面的，研磨时就容易造成划痕比较深。因此这种工艺的金相砂纸目数通常是 P80~P2000 的效果为最佳。还有一种金相砂纸采用氧化铝磨料，但这种砂纸不耐水，它们标注粒度方式通常是按 w5（06 号/1200 目）、w7（05 号/1000 目）、w10（04 号/800 目）、w14（03 号/600 目）、w20（02 号/500 目）、w28（01 号/400 目）、w40（0 号/320 目）、w50（1 号/280 目）来区分粒度大小。

金相分析研磨用的金相砂纸通常分为粗磨（P80~P320）、中磨（P400~P800）、细磨（P1000~P2000）和精磨（P2400~P7000）。

机械细磨是在预磨机上进行。预磨机的转速一般在 300 r/min 左右。把砂纸固紧在预磨机的转盘上，一边磨，一边用水不断冷却和冲刷试片，这种方法的优点是可以不断将磨屑冲去，且磨制速度快，效率高，同样磨制时也须逐次更换不同号的水磨砂纸。

（三）抛光

磨光后的表面仍有细的砂纸磨痕，还不能有效地显示出显微组织，因此必须进行抛光，以获得光滑的镜面，并去除磨光时产生的形变扰乱层。常用的抛光方法有机械抛光、电解抛光、化学抛光，以及它们的综合应用。

机械抛光是常用的一种方法，是在专用的金相抛光机上进行。抛光机转盘上装有抛光织物，粗抛时常用帆布或呢布，细抛时常用金丝绒布。抛光时应在织物上喷洒一定量的抛光磨料，常用的抛光磨料是 Cr_2O_3 粉、Al_2O_3 粉（粒度为 0.2~1 μm）在水中的悬浮液。一般是在 1 L 水中加入 5 g Al_2O_3粉或 10~15 g Cr_2O_3粉。抛光过程中抛光磨料加入量应适中，且要保持抛光织物湿润（可以边抛边滴入水），以免摩擦力增大产生“飞样”现象。

在新型的抛光磨料中，“人造金刚石研磨膏”已广泛用于金相试片的制备中。

抛光时应将试片磨面均匀地平正地压在抛光盘上，并边缘到中心不断作径向往复移动。在抛制过程中试样表面的湿度通常以表面在空气中 3~5 s 将水膜蒸发的湿度为宜。

对于试片边沿组织不作要求的，抛光前应将试片的棱角磨圆，以保证抛光织物不被划破，防止试片甩出抛光盘外。

抛光时间以试片表面磨痕消失而呈光亮“镜面”为准。

（四）浸蚀

抛光好的试片，在显微镜下只能看到孔洞、裂纹、石墨、非金属夹杂等，而无法观察到晶粒界、相和组织，若要显示组织必须经过适当地显示处理。

浸蚀使用的方法通常是化学腐蚀法。它是利用化学试剂溶液，借助化学、电化学作用来显露金属的组织。化学试剂在全相试样表面不同相间及晶界产生选择性的腐蚀。结果晶界腐蚀为窄沟状，而不同位向的晶粒和不同的组织也被腐蚀为高低不平的凸凹面而呈现出不同的色泽。

对于纯金属或单相合金，腐蚀是单纯的化学溶解过程，首先将磨面表层金属扰乱层溶解掉，而后对晶界产生化学溶解作用。由于晶界处原子排列不规则自由能高，因此易在晶界上腐蚀呈窄沟状。如果继续腐蚀，晶粒也将溶解，由于晶粒取向不同而溶解程度不同，则显示出明暗程度的差异，如图 22-2（a）所示。

对两相合金的腐蚀是电化学溶解过程，由于组成相的化学电位不同，高负电位的组成相组织迅速地被电化学溶解而凹陷。高正电位相不被溶解而成光滑平面。这样就产生了两相间的凹凸差异，如图 22-2（b）所示。在显微镜下，由于凹凸对光线的反射不一样，就看到明暗不一的图像。

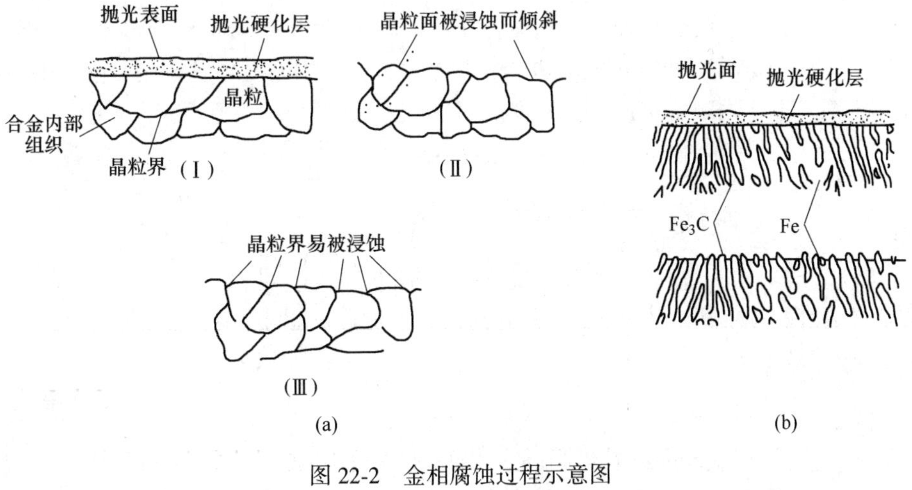

图 22-2　金相腐蚀过程示意图

（a）单相合金；（b）两相合金

不同的金属采用不同浸蚀剂，浸蚀的深浅根据组织特点和观察的放大倍数来确定。腐蚀后的试样要立即用水冲洗干净，用酒精洗去表面的水分，吹干后即可供金相观察。

五、报告编写

（1）简述实验原理。
（2）简述实验过程。
（3）将观察到的显微组织绘制于报告中，并标注组织类型。
（4）讨论影响金相样品制备质量的因素。

六、拓展阅读

金相抛光的其他方法

1. 电解抛光

电解抛光是利用阳极腐蚀法使试样表面变得平滑光高的一种方法。将试样浸入电解液中作阳极，用铝片或不锈钢片作阴极，使试样与阴极之间保持一定距离，接通直流电源。当电流密度足够时，试样磨面即由于电化学作用而发生选择性溶解，从而获得光滑平整的表面。但电解抛光操作时工艺规程不易控制。

2. 化学抛光

化学抛光的实质与电解抛光相类似，也是一个表层溶解过程。它是一种将化学试剂涂在试样表面上几秒至几分钟，依靠化学腐蚀作用使表面发生选择性溶解，从而得到光滑平整的表面的方法。

实验 23　金属硬度的测定

一、实验目的

（1）熟悉各种硬度计的构造原理和使用方法。

（2）熟悉各种硬度计的应用范围，并根据试样条件选择合适的试验方法。

二、实验原理

硬度是测量金属表面在微小区域抵抗压入塑性变形的能力，它综合反映了在压痕附近局部体积内金属的弹性、微量变形抗力、塑性变形强化能力和大量塑性变形抗力。金属硬度测定是应用广泛的一种试验，和其他机械试验比较，有简单迅速，不太伤材料，可进行成品检查等优点，而且它和强度有一定的关系。

金属材料硬度以压入法应用最广，压入法的原理是利用高硬度钢球，金刚圆锥或角锥，以一定压力压入被测金属表面，得到一个压痕，然后除去载荷，测压痕的直径，对角线视深度的大小来确定硬度。钢球或金刚石圆锥体称压头，所施加的压力称为载荷。

压入法有布氏硬度法、维氏硬度法、洛氏硬度法和显微硬度法四种。下面介绍前三种硬度试验的原理和仪器的使用规则。

（一）布氏硬度（HB）

布氏硬度试验系用一定直径的钢球，以规定的负荷压入试验材料的表面（见图 23-1），经过规定的保持时间后卸除负荷，用读数显微镜测量试样表面的压痕直径，计算试样上钢球压痕的球形面积所承受的平均压力（kg /mm²），即布氏硬度值。计算公式为：

$$\mathrm{HB} = \frac{2P}{\pi D(D - \sqrt{D - d^2})}$$

式中，P 为负荷，kg；D 为压头钢球直径，mm；d 为压痕直径，mm。

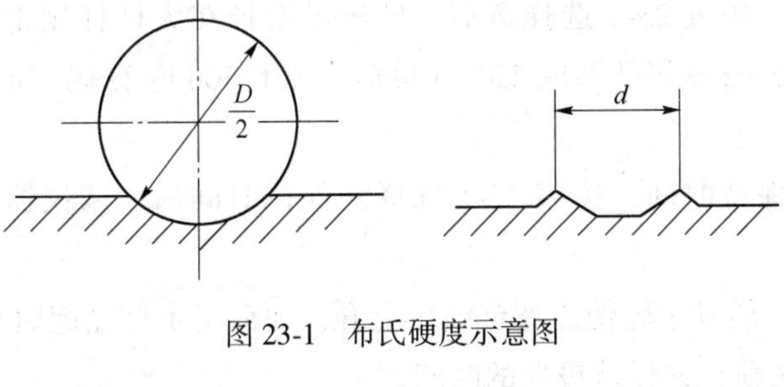

图 23-1　布氏硬度示意图

布氏硬度的符号为 HB，若 D=10 mm，P=3000 kg，负荷时间为 10 s 所测得的硬度为 450，则表示为 HB=450。若在其他试验条件下，则需注明钢球直径、负荷大小及保持时间。例如，HB=2. 5/187. 5/30=216，即表示用 2. 5 mm 的钢球，在负荷 187. 5 kg，保持 30 s 测得的布氏硬度值为 216。

钢球直径 D，负荷大小 P 与保持时间 t 应根据试样预期硬度和厚度按表 23-1 选择。

表 23-1　布氏硬度实验参数

材　料	硬度范围 HB	试样厚度/mm	P 与 D 关系	D/mm	P/kg	t/s
黑色金属	140~450	6~3	$P=30D^2$	10	3000	10
		4~2		5	750	
		<2		2. 5	187. 5	
	<140	>6	$P=10D^2$	10	1000	10
		6~3		5	250	
		<3		2. 5	62. 5	
有色金属	>130	6~3	$P=30D^2$	10	3000	30
		4~2		5	750	
		<2		2. 5	187. 5	
	36~130	9~3	$P=10D^2$	10	1000	30
		6~3		5	250	
		<3		2. 5	187. 5	
	8~35	>6	$P=2.5D^2$	10	250	60
		6~3		5	62. 5	
		<3		2. 5	15. 5	

布氏硬度计的使用步骤如下。

（1）安装压头与工作台。根据表 23-1 选择合适压头。使用汽油清洗钢球后，用棉花或纱布将其擦拭干净，并将钢球装入主轴衬套内。然后旋紧固定螺钉，使钢球轻轻压在压头一端的扁平部位。将工作台安装在工作台立柱上后，打开电源开关。随后将试样平稳地放置在工件台上，准备进行测试。布氏硬度计的结构如图 23-2 所示。

（2）选择负荷。按表 23-1 选择负荷，砝码吊架挂在大杠杆尾部刀刃上，负荷数为 187. 5 kg，加上 62. 5 kg 砝码就形成 250 kg 负荷，加上 500 kg 砝码就形成 750 kg 负荷，以此类推。

（3）选择载荷保持时间。按表 23-1 选择好保持时间后，从仪器面板上对时间进行设置。

（4）正式试验。转动手轮使工作台缓缓上升，加荷指示灯亮起时马上停止转动手轮。之后仪器自动加载负荷，并保持设置的时间。

（5）检验并确定试验结果。试验结束后，转动手轮，取下试样，用读数显微镜测量试样压痕直径，查表确定硬度值。

（二）维氏硬度（HV）

维氏硬度试验是用负荷施加于顶角为 136°的金刚石角锥压头上，其硬度是以压头在试样上所留下压痕面积除负荷来确定。维氏硬度压痕示意图如图 23-3 所示。

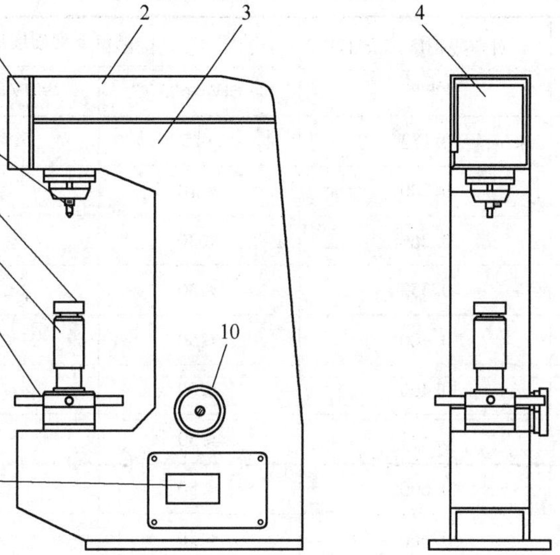

图 23-2　布氏硬度计的结构示意图

1—面罩；2—上盖；3—主机；4—显示屏；5—压头；6—实验台；7—丝杆保护罩；
8—旋转手轮；9—电源开关；10—载荷变换手轮

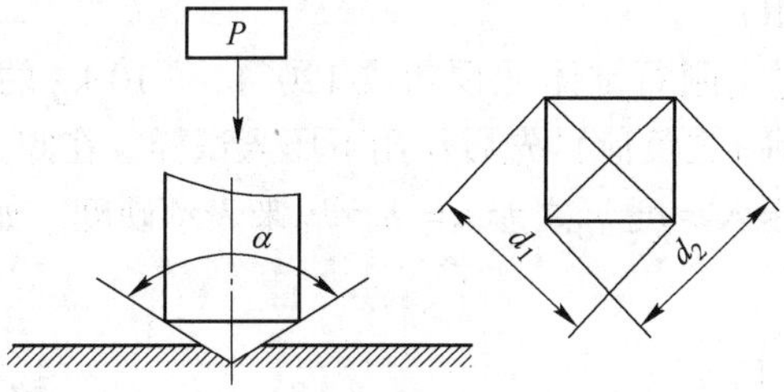

图 23-3　维氏硬度压痕示意图

样品在单位面积承受的负荷越大，则硬度越高。其计算公式如下：

$$HV = \frac{2P\sin\frac{\alpha}{2}}{d^2} = 1.8544\frac{P}{d^2}$$

式中，P 为负荷，kg；α 为金刚石压头顶端相对两面的夹角，136°；d 为压痕两对角线的平均值，mm。

试验前的准备：硬度计精度检查及试验准备。

在试验前，空载启动硬度计，检查各部机构动作情况，然后用二级标准硬度块，检查精度。同时调整好保持时间（不少于 10 s），同时检查光学测微计在分划刻板线与指示刻板线重合时，螺旋百分筒是否对零，压痕是否清晰。试样表面应光滑平坦，表面光洁度不低于 6。表面光洁度越高，硬度值越精确。

负荷选择应根据试样厚度，预计硬度和硬化层深度来选择，为使结果更精确，尽可能采用合理的负荷，厚度选择条件见表 23-2。如果试件硬度 HV>500 时，不允许选用大于 50 kg 的负荷。

表 23-2　维氏硬度试验条件

金属试验层厚度/mm	对角线长度不大于/mm	测定下列硬度最大允许值/kg		
		HV = 600	HV = 400	HV = 200
0.2	0.133	≤5	—	—
0.3	0.200	≤10	≤5	—
0.4	0.266	≤20	≤10	≤5
0.5	0.333	≤30	≤20	≤10
0.6	0.400	≤50	≤30	≤20
0.7	0.466	≤50	≤30	≤30
0.8	0.533	≤50	≤50	≤30
0.9	0.600	≤50	≤50	≤30
1.0	0.666	≤50	≤50	≤30

试验表面热处理试件时，表面处理层越薄，负荷应越小。如表面层深度不知道，则通过不同负荷进行试验。如果其中某一负荷硬度增加或减少，表示表层已被压穿，应选用小一级的负荷。选好负荷后，则将砝码变换手柄转到所需位置进行实验。

（三）洛氏硬度（HR）

洛氏硬度测定是通过金刚石锥体（顶角成 120°）在 10 kg 的初负荷和 60 kg、100 kg 或 150 kg 总负荷（初负荷+主负荷）先后作用下压入试样，在卸去主负荷而保留初负荷时的压入深度 h_2 与初负荷压入深度 h_0 之差 $h = h_2 - h_0$ 来表示硬度。如图 23-4 所示，深度差越大，硬度越低。

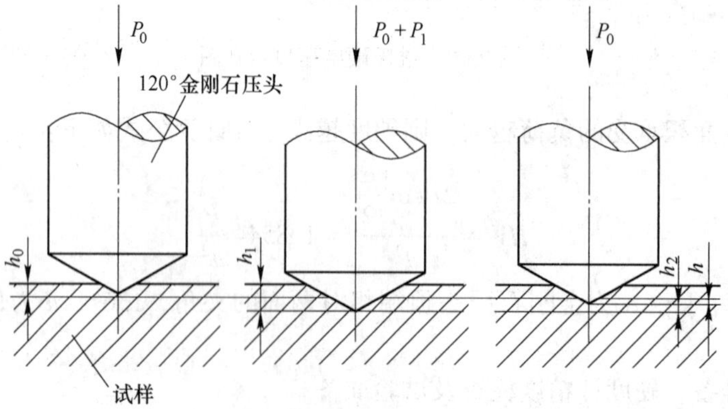

图 23-4　洛氏硬度试验原理

在实际应用中，为使硬试件与软试件测得的硬度值符合常规使用习惯，需要对硬试件的硬度值进行适当换算，其换算公式如下：

$$HR = K - \frac{h_2 - h_0}{e}$$

式中，K 为常数，采用金刚石锥体压头时 $K=100$，采用钢球压头时 $K=130$；e 为常数，表示指示器一格相当于压头压入试件的深度，e 恒等于 0.002 mm。

洛氏硬度计常用标尺 A、B、C，相对应的压头规格、总负荷数值及进行试验时测量的有效范围见表 23-3。

表 23-3　洛氏硬度计常用标尺

符号		压头	负荷/kg		标尺应用范围	大致相当于维氏硬度值（HV）
标尺	硬度值		初	总		
A	HRA	120°金刚石圆锥体压头	10	60	60~85	390~900
B	HRB	ϕ1.588 mm 钢球压头	10	100	25~100	60~240
C	HRC	120°金刚石圆锥体压头	10	150	20~67	240~900

洛氏硬度计的使用步骤如下：

（1）试验前的准备工作包括：

1）试件的准备：试件厚度不小于压痕深度的 10 倍，表面必须光洁平坦。

2）工作台选择：工作台必须保证试件稳妥地置于其上，并使被试表面与主轴压头垂直。随机工作台不能满足时，应根据试件设计特殊专用工作台。

3）负荷选择及变换：硬度计有 3 个砝码，分别 A、B、C，做 HRA 时只用 A 砝码，做 HRB 时用 A、B 两砝码，做 HRC 时则 A、B、C 三个砝码全用。试验时旋转设置转轮设置相应的实验力。

4）压头的安装：在安装前，压头应清理干净。压头的紧固是用一个紧固螺帽可靠地压紧在主轴上。

（2）试验程序步骤如下：

1）按照试验条件设置好载荷和载荷保持时间，然后将试件稳妥地安置在平台上，并向左旋转手轮使试件上升。

2）仪器面板上显示力的大小，当初载力达到时，仪器发出“滴”的提示音，之后立即停止旋转手轮。

3）之后仪器开始自动加上载荷，并保持相应的时间，完成后仪器自动卸除总载负荷。

4）从仪器面板上直接读出硬度值。

三、思考题

23-1　对比分析布氏硬度、洛氏硬度和维氏硬度等三种硬度测试方法的适用范围。

23-2　从测试原理解释为什么三种硬度测试方法要求样品测试前表面平整、光洁。

实验 24　浇注条件对铸锭组织的影响

一、实验目的

（1）掌握铸锭的典型三晶区（细等轴晶区、柱状晶区、粗等轴晶区）的宏观组织特征，理解不同晶区的形成机制及其与冷却条件的关系。

（2）研究浇注条件（模壁材料、模壁厚度、模子温度、浇注温度、形核条件）对铸锭组织的影响。

（3）掌握铸锭宏观组织的制备与观察方法，学会通过金相腐蚀和低倍显微分析比较不同实验条件下的铸锭组织差异。

二、实验原理

液态金属倒入模具后，结晶首先从靠近模壁处开始。在靠近模壁处因过冷度大，核心（晶核）产生多，这些核心长大时很快彼此接触。只能形成细小的等轴晶粒，称为细等轴晶区或第一晶区。

在第一晶区形成时，模壁温度升高，导致过冷度减小。此时，与液体接触的某些晶粒开始要长大，但它们在上下左右方向上很快相互碰撞，生长受到限制。唯一未受阻碍的生长方向是向液体内部延伸。散热具有方向性，垂直于模壁的方向散热最快，晶粒在该方向上的生长速度也最快。最终，这些晶粒一致向液体内部延伸，形成了许多垂直于模壁的柱状晶体，从而构成了柱状晶区（或第二晶区）。

随着模壁温度继续升高，散热速度逐渐减慢，柱状晶体的生长速度也随之降低。与此同时，中心液态区的温度不断下降并趋于均匀，使剩余液体内部各处同时形成大量晶核（此时整个液态金属范围内晶核出现的概率均等）。由于这些晶核可以向各个方向自由生长，柱状晶体的进一步扩展受到限制，最终在铸锭内部形成许多位向不同、尺寸粗大的等轴晶粒（其粗大特征源于晶核数量较少）。这些晶粒呈现等轴形态，是因为此时散热已无方向性差异，从而形成粗等轴晶区，即第三晶区。

铸锭组织由三个晶区所构成，如图 24-1 所示（第一晶区一般较薄，晶粒很细小，常

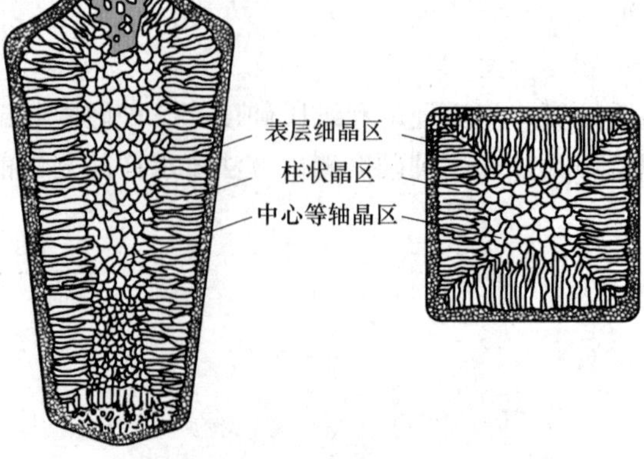

图 24-1　典型铸锭组织示意图

常难以看到)。改变冷却条件，如模壁材料、模壁厚度、模子温度，以及浇注温度和形核条件将改变三个晶区，特别是柱状晶区和粗等轴晶区的大小。

三、实验内容

本实验通过改变的模壁材料、模壁厚度、模子温度及不同的浇注温度和形核方式，来研究不同浇注条件对铸锭组织的影响，见表 24-1。

表 24-1　浇注实验条件

组别	模壁材料	模壁厚度/mm	模子温度/℃	浇注温度/℃	加变质剂
1	砂	10	室温	720	否
2	钢	3	室温	720	否
3	钢	10	室温	720	否
4	钢	10	400	720	否
5	钢	10	室温	840	否
6	钢	10	室温	720	是

四、实验步骤

(1) 将熔融液态金属（铝）注入模内，一组浇注两个锭子（注意：须连续注入不能断续或者停歇，如熔化金属之坩埚内浮有熔渣，浇注时须以铁板挡住)。

(2) 冷却后将铝锭取出，分别在两端打上同样记号，以便识别。

(3) 将铝锭用老虎钳夹住，一个离底面 25 mm 处锯开（注意：须使铝断面尽量与锭的长轴垂直)，一个沿纵轴锯开（必须尽量防止偏斜)。

(4) 锯开后按下面步骤把样品磨好：将锯断面用锉刀锉平，然后经过 180~240 号和 320~400 号的砂纸磨平（方法与制备金相样品（实验 22）磨法相同)。磨好后不必抛光，先用水冲，再用酒精洗净吹干。

(5) 将磨面在体积比为 1：5：15 的氢氟酸、硝酸和盐酸混合溶液中来回浸蚀约 30 s，取出洗净吹干。取样品的纵横剖面逐块对宏观组织（放大倍数小于 20 倍）进行观察。

五、实验报告内容

(1) 绘出铸锭的结晶组织示意图。

(2) 比较说明不同浇注条件：1）模壁材料；2）模壁厚度；3）模子温度；4）浇注温度；5）变质剂（形核条件）对铸锭组织的影响，并分析原因。

实验 25 Fe-C 合金平衡组织观察

一、实验目的

（1）熟悉 Fe-C 平衡相图，理解碳素钢在平衡状态下的显微组织，以及它与铁碳平衡状态图之间的关系。

（2）掌握工业纯铁、亚共析钢、共析钢和过共析钢的典型组织（铁素体、珠光体、渗碳体等）及其形貌差异，并能规范绘制金相组织示意图。

（3）掌握亚共析钢中珠光体含量与碳含量的定量关系，并能够根据显微组织估算钢的近似含碳量。

二、实验原理

含碳量小于 2.11%的 Fe-C 合金称为钢，钢在缓慢冷却之后，其组织与 Fe-C 状态图的左端（C 含量小于 2.11%）相对应。因此 Fe-C 相图（见图 25-1）是研究碳钢平衡组织的基础，碳钢的组织取决于含碳量。

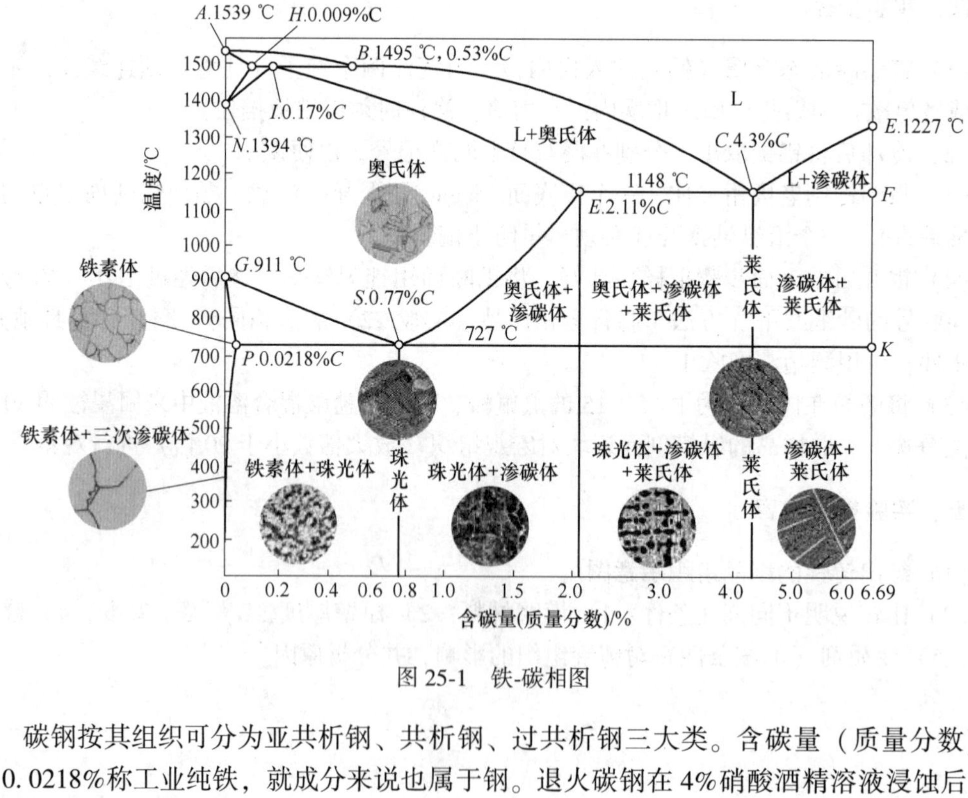

图 25-1 铁-碳相图

碳钢按其组织可分为亚共析钢、共析钢、过共析钢三大类。含碳量（质量分数）小于 0.0218%称工业纯铁，就成分来说也属于钢。退火碳钢在 4%硝酸酒精溶液浸蚀后，其组织包括以下几种。

（一）工业纯铁

含碳量（质量分数）0~0.0218%的工业纯铁具有单相铁素体组织，工业纯铁中的组织包含三次渗碳体。但由于含量很少，所以在光学显微镜中不易观察到它的存在。

（二）亚共析钢

亚共析钢含碳量（质量分数）小于 0.77%，组织中含有铁素体和珠光体，白色部分是铁素体，呈暗色部分为珠光体。随碳含量的增加，铁素体减少而珠光体增加（见表 25-1）。当碳含量（质量分数）增加到 0.77%时，整个组织为 100%的珠光体。

表 25-1　不同成分 Fe-C 合金微观组织

序号	名称	成分	热处理	显微组织	浸蚀剂
1	工业纯铁	<0.0218%	正火	铁素体晶粒	
2	亚共析钢	0.10%	退火	铁素体+珠光体	
3	亚共析钢	0.20%	退火	铁素体+珠光体	
4	亚共析钢	0.40%	退火	铁素体+珠光体	
5	亚共析钢	0.45%	退火	铁素体+珠光体	4%硝酸酒精溶液
6	亚共析钢	0.60%	退火	铁素体+珠光体	
7	共析钢	0.77%	退火	铁素体+珠光体	
8	过共析钢	1.00%	退火	珠光体+渗碳体	
9	过共析钢	1.20%	退火	珠光体+渗碳体	
10	过共析钢	1.10%	退火	珠光体+渗碳体	苦味酸钠溶液

根据 Fe-C 状态图，在一定碳含量下可确定铁素体与珠光体的百分比。因此依据显微组织可近似估计亚共析钢在退火状态下的碳含量。如果对铁素体的碳含量略去不计，亚共析钢的碳含量为：

$$w_C = \frac{Q \times 0.77}{100} \times 100\%$$

式中，Q 为珠光体所占面积的百分比，%。

（三）共析钢

含碳量（质量分数）0.77%的 Fe-C 合金称为共析钢，全部为珠光体组织。在一般情况下，珠光体为片状组织，即由片状铁素体与片状渗碳体构成。若经适当处理即在冷却过程中，在低于 A_{C1} 温度附近停留较长时间，然后冷却（球化处理），渗碳体呈粒状分布。前者称片状珠光体，后者称粒状珠光体。

（四）过共析钢

过共析钢含碳量（质量分数）在 0.77%~2.11%范围内，其组织为二次渗碳体和珠光体。渗碳体可能为网状、粒状或针状，碳含量越高，则二次渗碳体越多。在 4%硝酸酒精溶液浸蚀下，暗色部分为珠光体，白色部分为渗碳体，与铁素体相同。为区分渗碳体与铁素体，可用苦味酸钠溶液浸蚀，渗碳体为暗色，铁素体仍为白色。

与珠光体比较，渗碳体所占面积很小，难以测定渗碳体所占面积，所以基本不采用显微组织测定过共析钢的碳含量。

三、实验主要仪器及材料

实验仪器：金相显微互动平台。

实验材料：金相标准试样一套。

四、实验内容和步骤

(1) 解析 Fe-C 平衡相图。

(2) 通过金相显微镜观察标准试样显微组织。

(3) 结合 Fe-C 平衡相图研究试样的显微组织并将其组织画下来。

(4) 根据显微组织估计 1~2 个样品的碳含量。

五、报告编写

(1) 在 ϕ30 mm 的圆内绘下样品显微组织，并注明牌号、热处理方法、组织、浸蚀剂、放大倍数。

(2) 用箭头标出组织组成物，并标注其名称。

(3) 将需要测定碳含量的试样结果在报告中算出来。

六、拓展阅读

铁碳合金分类见表 25-2。

表 25-2 铁碳合金分类

钢 铁	钢				铸 铁		
含 C 量（质量分数）/%	0~0.0218	0.02~0.77	0.77	0.77~2.11	2.11~4.30	4.30	4.30~6.69
分类	工业纯铁	亚共析钢	共析钢	过共析钢	亚共晶白口铁	共晶白口铁	过共晶白口铁
室温组织	铁素体	铁素体+珠光体	珠光体	珠光体+二次 Fe_3C	变态莱氏体+珠光体+二次 Fe_3C	变态莱氏体	变态莱氏体+一次 Fe_3C

实验 26 二元合金组织的观察

一、实验目的

（1）熟悉合金基本相的显微状态，区别合金和组织组成物的概念。

（2）学会根据已知相图及显微组织，分析二元合金铸造组织的形成过程。

（3）训练绘制金相组织示意图的方法。

二、实验原理

二元合金相图最基本的是匀晶、包晶、共晶和共析，复杂相图皆是由基本相图所组成。这些基本相图所包含的转变除了匀晶转变是在一个温度范围内完成之外，其他都是恒温下转变。

二元合金在室温下只有两个组成相，但其组织可以是各种不同形态，它取决于这两个相各自的性能，在合金中的相对含量和形成过程。

二元合金由一个相构成时，组成相大多是固溶体。在平衡冷却状态下，组织和纯金属类似，只有晶粒及其晶界。但二元合金在实际冷却速度下，容易以树枝方式生长，形成的树枝状偏析可以通过高温扩散退火来消除。

当合金是由两种相组成时，组织为两相的机械混合物，在整体范围内，两相分布是均匀的。这时组织形貌较为复杂，在平衡态组织中，依其生成方式主要有：共晶（析）体和其他平衡反应后的生成物或未转变完的初生相，其中以共晶体的形态最为多样。共晶体生成时，两相和液体都呈粗糙界面且两相含量相差不大时，组织多呈层片状；若两相含量相差较大（其中一种相的体积占 30%以下者）则呈棒状或纤维状。共晶体中一种相和液体呈粗糙界面而另一相为平整型界面时，组织多呈现为针状、骨骼状等复杂形式。若在共晶合金中有先结晶相时，这些相将保留生长中的外形，或为树枝状态，或为平整状，其余空间由共晶体来填充。除此以外，在共晶合金的组织中还可能出现离异共晶或伪共晶组织。二元合金为包晶类时，组织往往为一种相中包有包晶反应中余下的先生成相。

三、实验内容及步骤

（1）观察 Pb-Sb 二元合金的铸态组织，其相图如图 26-1 所示。

有三种不同试样，成分分别为 Pb-5%Sb，Pb-13%Sb，Pb-75%Sb。浸蚀剂为 4%硝酸酒精溶液。Pb-13%Sb 为共晶点成分的合金，其中 Sb 的金属性较弱且含量较少，在共晶体中 Sb（表示以 Sb 为溶剂的固溶体，下同）以白色针状出现。Pb-75%Sb 合金中的先共晶析出的（Sb）呈平整的块状，Pb-75%Sb 合金中的先共晶相（Pb）呈树枝状。在观察中注意共晶组织的形态和先结晶相的形态。

（2）观察 Sn-Bi 二元合金，其相图如图 26-2 所示。

在液相下互溶，在室温固相互不溶解。形成两相机械混合物的共晶组织，共晶成分为 60%Bi，α+β 机械混合物，黑白相间，基本上成片状。亚共晶组织是黑色树枝状，过共晶组织是亮白色的块状初生 Bi 晶体+共晶组织。

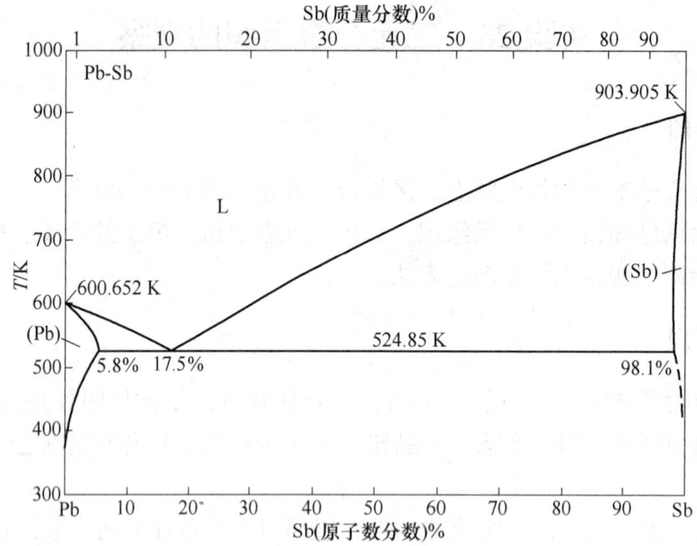

图 26-1　Pb-Sb 二元相图

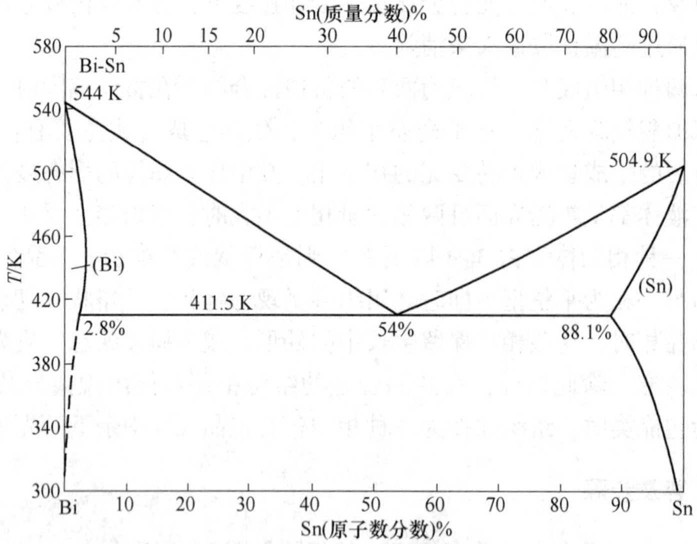

图 26-2　Sn-Bi 二元相图

（3）观察 Sn-Sb 二元合金，其相图如图 26-3 所示。

试样为 Sn-11%Sb 的合金，经 4%硝酸酒精溶液浸蚀，呈白色方块状的是以 SnSb 化合物为基的有序溶体相 β′，暗黑色的基体是 Sb 在 Sn 中的固溶体 α 相。

（4）观察 Al-Cu 二元合金，其相图如图 26-4 所示。

在靠 Al 边的 Cu-Al 状态图是共晶类型。Cu 在 Al 中的固溶度随温度降低而减少。当快冷时，固溶体分解没有进行，为单相固溶体。缓慢冷却时，从固溶体中析出 Q 相 $CuAl_2$。Al-36%Cu 合金是过共晶组织，块状的初晶 $CuAl_2$+点状的共晶组织。

（5）观察 Cu-Ni 二元合金，其相图如图 26-5 所示。

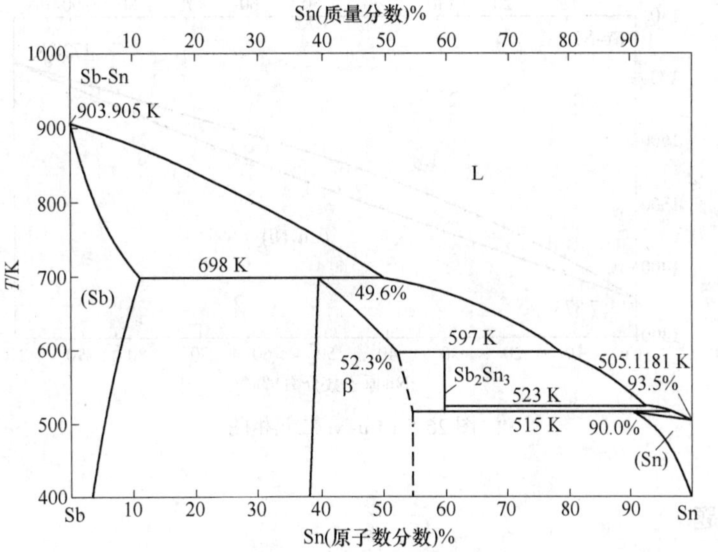

图 26-3　Sn-Sb 二元相图

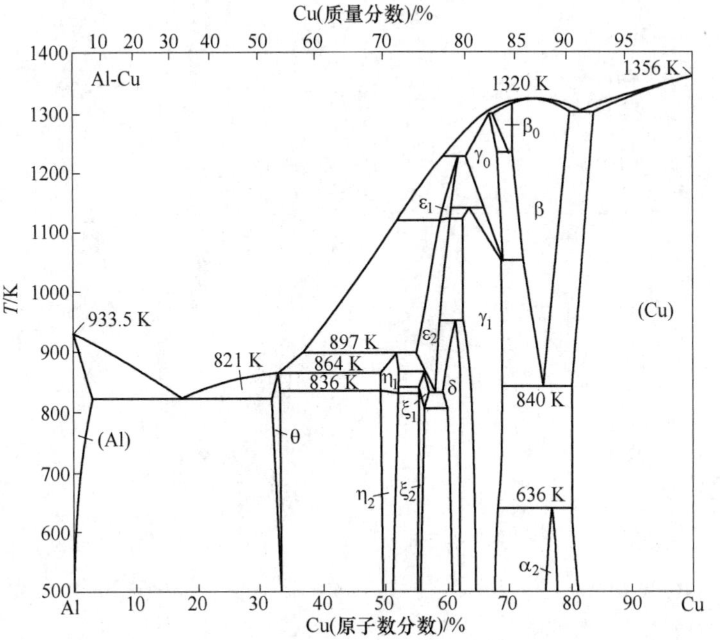

图 26-4　Al-Cu 二元相图

Cu-Ni 合金是连续的固溶体。在铸态下快冷，产生晶粒内部的成分偏析，得到树枝状晶粒组织。铸造后进行扩散退火，形成均匀多边形组织。

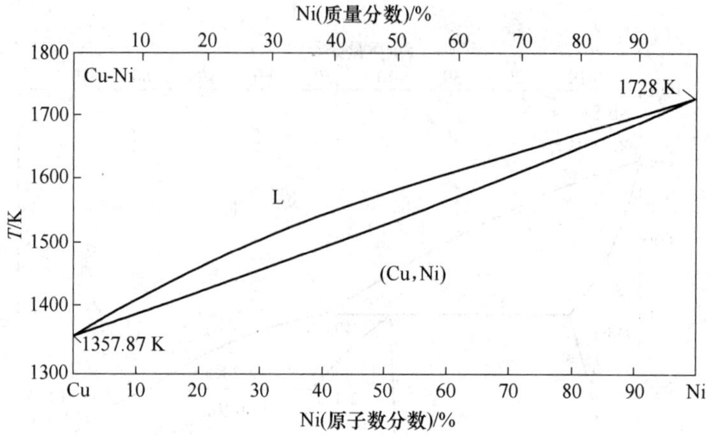

图 26-5　Cu-Ni 二元相图

四、思考题

26-1　什么是匀晶转变、共晶转变和包晶转变？

26-2　为什么共晶组织（α+β）里面 α 和 β 两相会呈现交替排列？

26-3　两个组元在什么情况下可以形成二元匀晶相图，在什么情况下可以形成二元共晶相图？

实验 27　有色金属显微组织观察——铜及其合金的显微组织

一、实验目的

（1）观察和分析纯铜及常用铜合金的显微组织特征，理解其成分、组织与性能的关系。

（2）学会使用金相显微镜观察和分析合金的金相组织，掌握样品的制备、腐蚀及显微分析基本技能。

（3）能够准确绘制指定试样的微观组织示意图，并依据金相组织进行含氧量、锌替换当量等数据的计算，强化实验数据处理与分析能力。

二、实验原理

铜及其合金在工业上有广泛的用途。除纯铜外，常用铜合金有黄铜、青铜、白铜等。

（一）纯铜

杂质对纯铜的性能影响很大。如 Bi、Pb 在铜中形成低熔点共晶组织，造成热脆，而 O、S 则在铜中形成 Cu_2O、Cu_2S，造成冷脆。对铜中氧含量的测定，常用金相法，其他杂质一般用化学分析法测定。

氧在铜中主要 Cu_2O 存在，铸态时与纯铜形成 Cu_2O+Cu 共晶体，分布在铜晶界上。轧制退火成材后，则呈孤立的颗粒分布在铜基体上。抛光后在明场下观察 Cu_2O 呈浅蓝灰色，在偏光下呈红宝石色。而用 3% $FeCl_3$+10% HCl 水溶液浸蚀后呈黑色，很容易和其他杂质区分开来。可将试样金相组织与国家标准对照，查出氧含量。也可通过金相方法来估计，因为含氧（质量分数）0.39%（3.4%Cu_2O）时，形成点状共晶组织，所以可用下列公式计算：

$$w(Cu_2O)=\frac{3.4}{100}S \qquad w(O_2)=\frac{0.39}{100}S$$

式中，S 为共晶体在显微组织的视场中所占面积的百分比。

硫与铜形成 Cu_2S 化合物，以 $Cu+Cu_2S$ 共晶偏聚于晶界，抛光态与 Cu_2O 色泽相似。用氯化高铁盐酸溶液浸蚀后，Cu_2O 变暗，而 Cu_2S 无变化。

（二）黄铜

铜和锌的合金称黄铜，由图 27-1 可知，Zn 含量在 36%以下是单相黄铜，Zn 含量大于 36%为 $\alpha+\beta$ 两相黄铜。

（1）单相黄铜。单相 α 黄铜塑性和抗蚀性都很好，其组织特征为：铸态呈树枝状组织，变形退火后为多边形晶粒，有退火孪晶特征。

（2）两相黄铜。Zn 含量在 36%~45%范围内时，合金呈现出两相组织。随着 Zn 含量的增加，材料在高温下的强度和塑性提高。在较低温度下，β 相会发生 $\beta\rightarrow\beta'$ 相变，尽管强度增加，但塑性会显著下降。在 3% $FeCl_3$+10%HCl 的水溶液浸蚀下，α 相呈现出亮色，β 相呈现出黑色，α 和 β 相的形态取决于成分和冷却速度。

特殊黄铜是在二元合金基础上加入 Al、Si、Sn、Pb，Mn、Fe 等元素，借以提高铸件

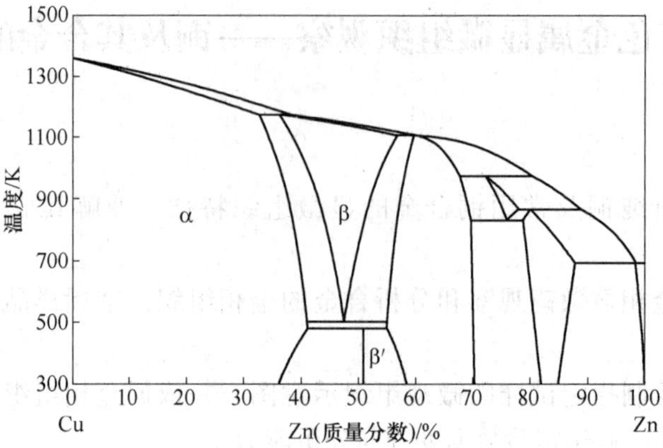

图 27-1　Cu-Zn 二元相图

强度和形变合金的塑性。合金元素的加入，改变了 Cu-Zn 合金状态图及组织，对此可用“锌替换当量”来估计。即加 1%的合金元素相当多少 Zn（质量分数）对组织的影响。

（3）铝黄铜。铝能提高黄铜的强度、屈服强度及抗蚀性，但会降低合金的塑性。单相铝黄铜有 HA 177-2，两相铝黄铜有 HA 167-2. 5。

（4）锡黄铜。在黄铜中加入 Sn，使强度略有提高，但可显著提高在海水中的抗蚀性。有“海军黄铜”之称。如 HSn 70-1 和 HSn 62-1，前者为 α 黄铜，后者为 α+β 黄铜，在高倍下仍可看到细小白亮的 γ 相。

（三）青铜

除黄铜和白铜之外的铜合金都称青铜，铜锡合金称为锡青铜，其他称特殊青铜。

（1）锡青铜：Cu 和 Sn 的合金，实际工业应用中锡含量通常低于 14%。由图 27-2 可见，由于该合金凝固温度范围较宽，易产生严重偏析，即使 Sn 含量仅为 4%～5%的铸态组织中也会出现共析体，需经长时间退火才能转变为均匀的 α 固溶体多边形晶粒。当 Sn 含量更高时，这种共析组织难以通过退火消除。共析体的存在会显著降低锡青铜的塑性，当 Sn 含量达到 6%时，材料将失去压力加工性能。但由于其共析体能提高耐磨性，高锡青铜常被用于铸造轴承等耐磨部件。

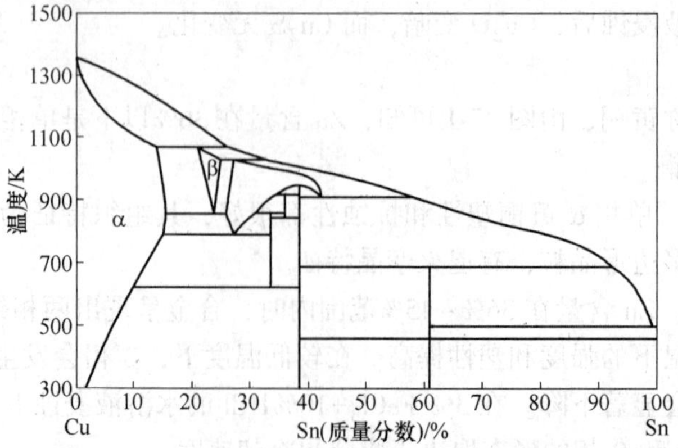

图 27-2　Cu-Sn 二元相图

铸造青铜的共析体以弯曲的夹杂物分布在固溶体的树枝状晶粒之间。用含 8% $CuCl_2$ 的氨水溶液浸蚀时，能很好地显示出固溶体的树枝晶，而共析体显示得不清楚；用 10 g $FeCl_3$+25 mL HCl+100 mL H_2O 溶液浸蚀时，则能清楚地显示出共析体。

（2）铝青铜。Cu 和 Al 的合金，实际应用含 Al 量为 10%～11%，在一般冷却速度下，含 Al 量低时为单相 α，Al 含量 8%～9%时合金中已出现 $\alpha+\gamma_2$ 共析体。低倍时只见黑色相分布于晶粒间，高倍观察时可看到与钢中索氏体相似的共析体。由 β 相淬火后可得到与钢中马氏体相似的亚稳定相 β′的针状马氏体组织，其 Ms 点为 400～375 ℃。常用铝青铜代替昂贵的锡青铜。

（3）铅青铜。固态时，铜与铅互不溶解，合金组织为铜基体上分布着铅的粒子。由于密度相差较大，在缓慢冷却时，铅呈网状分布或发生密度偏析，快速冷却铅才能呈细小晶粒较均匀地分布在铜基体上，常用于机器制造的轴承合金上。

（四）白铜

白铜为 Cu-Ni 合金，Cu 与 Ni 无限互溶，为单相组织。由于铜镍合金中原子扩散困难，铸态产生严重的树枝状晶粒偏析。经充分扩散退火后，为多边形的晶粒组成。常用于耐磨热工及电工材料。

三、实验报告内容

（1）在 ϕ30 mm 的圆内，绘出教师指定试样的组织示意图。

（2）根据金相组织，计算出 Cu-O 合金的含氧量。

（3）计算出教师指定试样的锌替换当量。

实验 28　有色金属显微组织观察——铝及铝合金的显微组织

一、实验目的

（1）研究铝及常用铝合金的显微组织，了解合金成分、热处理工艺、显微组织和性能之间的相互关系。

（2）学习金相制样、显微镜观察及显微组织示意图绘制等基本实验技能，并能对组织组成进行识别、标注与分析，建立组织与性能间的对应关系。

二、实验原理

铝及其合金分形变铝合金（包括纯铝）和铸造铝合金。形变铝合金又分热处理不可强化合金和热处理可强化合金。

（一）纯铝

纯铝除用来配制合金外，还可以用它直接加工成材。但是在纯铝中还存在一些杂质，影响铝的组织和性能。在纯铝中常见的杂质有 Fe、Si、Mn 等。

（二）热处理不可强化的形变铝合金

热处理不可强化的铝合金主要有 Al-Mn、Al-Mg 系，冷作硬化是提高强度的唯一途径，在退火态是单相固溶体，抗腐蚀性能高。

（1）Al-Mn 系合金。典型合金 LF 21（3003），其合金成分为 Mn 1.0%～1.5%，Cu 0.05%～0.20%，余量为铝及微量元素。根据图 28-1 可知，在铸造状态是 α 固溶体和 $MnAl_6$ 相组成，$MnAl_6$ 分布在固溶体晶粒周围。若在合金中存在 Fe 时，则会形成（MnFe）Al_6 相，性硬脆而成片状，强烈降低合金冷热变形能力。在实际冷却的情况下组织往往会出现 α+$MnAl_6$ 共晶。形变退火后组织为 α+$MnAl_6$。

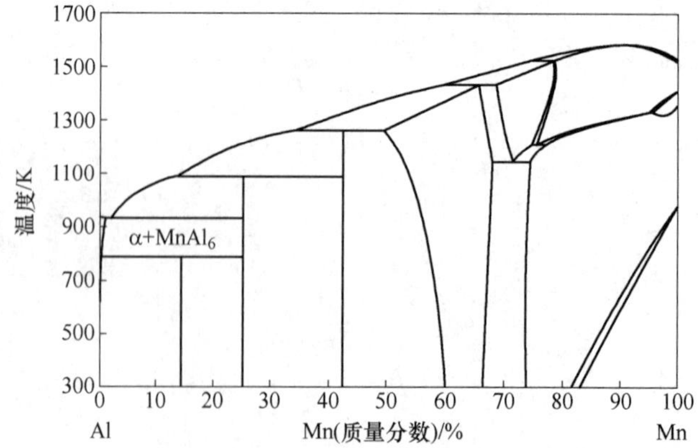

图 28-1　Al-Mn 二元合金相图

（2）Al-Mg 系合金。根据图 28-2 可知，Al-Mg 系合金的铸造组织为 α 固溶体和 β 相（Mg_2Al_3）组成，在退火状态下 LF2、LF3 是单相组织，而 LF5 为两相组织组成。含 Fe 时则会形成 $FeAl_3$，Fe 和 Si 同时存在时，尚可形成 $MgSi_2$，$T_2(Al_{12}Fe_3Si)$ 等相。Al-Mg 系合金密度小（比铝轻）、抗蚀、可焊、有良好的塑性，以及比 Al-Mn 合金更高的强度。

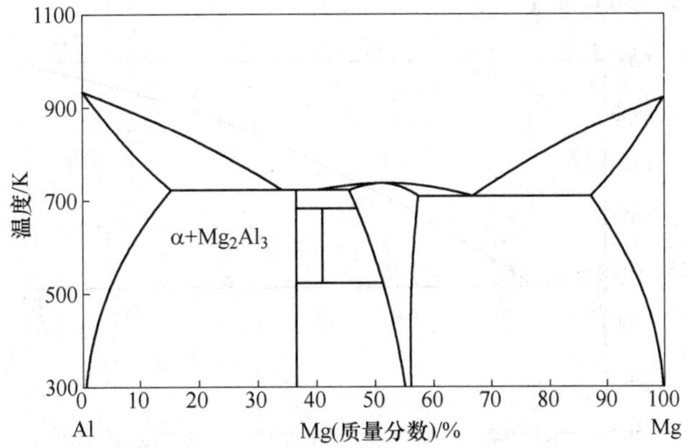

图 28-2 Al-Mg 二元合金相图

（三）热处理可强化的形变铝合金

热处理可强化的形变铝合金分硬铝（LY）、超硬铝（LC）和锻铝（LD）等。

（1）硬铝合金：硬铝是 Al-Cu-Mg 系时效硬化型合金，多数合金中还含有少量 Mn。LY12 是典型的硬铝合金，其成分为 Cu 3.8%～4.9%、Mg 1.2%～1.8%，Mn 0.3%～0.9%，杂质小于 1.0%。

LY12 合金铸造状态的组织是由 α 固溶体、θ($CuAl_2$)、γ(Al_2CuMg) 和 Mg_2Si 等组。θ 和 γ 为主要强化相，在轧制退火状态组织是 α 固溶体，分散在 α 固溶体中的细小相是从固溶体中析出的 θ、γ 和 Mg_2Si 相，粗大的是杂质形成不溶于 α 固溶体的金属间化合物。淬火和淬火时效组织是 α 过饱和固溶体及不溶解相 $FeAl_3$、$MnAl_6$等组成的。由于 LY12 的固溶化温度范围很小（490～505 ℃），淬火加热时很容易产生过烧，过烧的组织中出在三角形晶界和“复熔”球。

（2）超硬铝合金。超硬铝合金是在硬铝的基础上加 4%～8% Zn，Al-Cu-Mg-Zn 系是目前强度最高的一种形变铝合金。一般超硬铝合金的相组成为：α+θ+γ(Al_2CuMg)+$MgZn_2$+T($Al_2Mg_3Zn_3$) 等。$MgZn_2$、γ、T 相为主要强化相。轧制退火的组织和上述相同，淬火及淬火时效后的组织为 α 过饱和固溶体和不溶解的夹杂物组成。

（3）锻铝合金：它通常为 Al-Mg-Si-Cu、Al-Cu-Mg-Ni-Fe 等系列，其代表合金为 LD5 和 LD7 等。

LD5 合金的组织为 α、Mg_2Si、Al_2Cu、γ 相（Al_2CuMg）、W 相（$Al_xMg_5Si_4Cu_4$）等相。淬火人工时效后为过饱和固溶体及不溶解相。

LD7 合金的组织为 α、γ、W，以及 AlCuNi，淬火组织为饱和固溶体和不溶解的金属间化合物组成。

（四）铸造铝合金

常用的铸造铝合金有 Al-Si、Al-Mg、Al-Cu、Al-Zn 系及多元复合耐热铝合金等。本实验中仅以 ZL102、ZL203、ZL301 进行观察分析。

（1）ZL102 中含 Si 12%～13%，是铸造性能优良的合金。由图 28-3 可知，未变质处理时，其组织为块状的初晶 Si 和粗大针状的共晶 Si 分布在铝基体上。力学性能很差，因此不能使用。经变质处理后其组织由 α 固溶体及细小致密的 α+β 共晶体组成，提高了强度和塑性，是工业的常用合金。

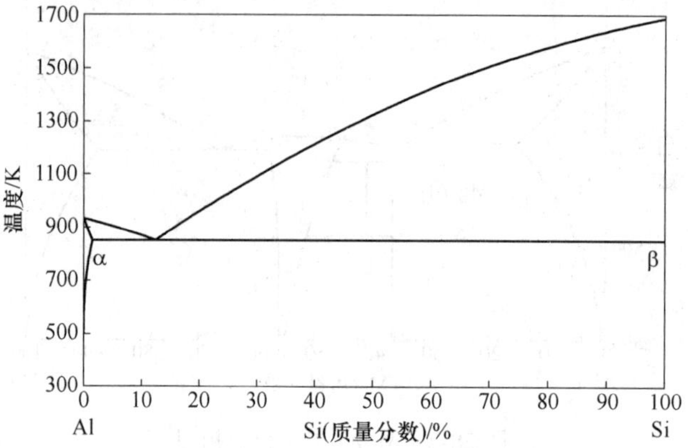

图 28-3　Al-Si 二元合金相图

（2）ZL203 合金含 Cu 4. 5%~5. 3%。由图 28-4 可知，其铸造组织为 α 固溶体及 θ 相，淬火后为单相固溶体及不溶解的杂质，其特点是高温下的强度高(“热强性” 好)，但流动性和抗蚀性较差。

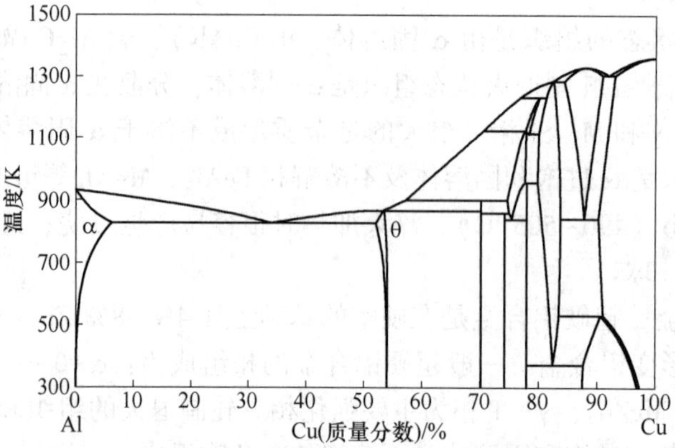

图 28-4　Al-Cu 二元合金相图

（3）ZL301 合金含 Mg 9. 5%~11. 5%，其组织在平衡态是 α 及 α 中析出的 Mg_2Al_3(β) 相。在实际的冷却速度下，由于固相线偏移常在晶界上出现 α+β 共晶组织。淬火时为单相 α 固溶体。强度高、抗蚀性好，密度小是该合金的特点。

三、实验报告内容

（1）在 ϕ30 mm 的圆内，绘制出教师指定试样的组织示意图。

（2）在图下方标明合金牌号、热处理方法、组织组成物、腐蚀剂和放大倍数，并以引线在图外标出各显微组织中的组织组成物，探讨合金成分、热处理工艺、显微组织和性能之间的相互关系。

参 考 文 献

[1] 丁治英，李洁．物理化学实验［M］. 长沙：中南大学出版社，2023.
[2] 傅献彩，侯文华．物理化学（上、下册）［M］. 6 版．北京：高等教育出版社，2022.
[3] 陈敏恒．化工原理上、下册［M］. 5 版．北京：化学工业出版社，2020.
[4] 傅崇说．有色冶金原理［M］. 2 版．北京：冶金工业出版社，2005.
[5] 崔忠圻，覃耀春．金属学与热处理［M］. 3 版．北京：机械工业出版社，2020.
[6] 厉英．冶金物理化学实验研究方法［M］. 北京：冶金工业出版社，2022.
[7] MATTHIAS W. 热分析应用基础［M］. 上海：东华大学出版社，2011.
[8] 北京大学化学学院物理化学实验教学组．物理化学实验［M］. 北京：北京大学出版社，2016.

附　　录

附表 1　压痕直径与布氏硬度对照表

压痕直径（$d10$，$2d5$ 或 $4d2.5$）/mm	在下列负荷 P(kg)下的布氏硬度 HB			压痕直径（$d10$，$2d5$ 或 $4d2.5$）/mm	在下列负荷 P(kg)下的布氏硬度 HB			压痕直径（$d10$，$2d5$ 或 $4d2.5$）/mm	在下列负荷 P(kg)下的布氏硬度 HB		
	$30D^2$	$10D^2$	$2.5D^2$		$30D^2$	$10D^2$	$2.5D^2$		$30D^2$	$10D^2$	$2.5D^2$
2.00	945	316		3.14	378	126	32	3.66	275	92	23
2.05	899	300		3.16	373	124	31	3.68	272	91	23
2.10	856	286		3.18	368	123	31	3.70	269	90	22
2.15	817	272		3.20	363	121	30	3.72	266	89	22
2.20	780	260		3.22	359	120	30	3.74	263	88	22
2.25	745	248		3.24	354	118	30	3.76	260	87	22
2.35	682	228		3.26	350	117	29	3.78	257	86	22
2.40	653	218		3.28	345	115	29	3.80	255	85	21
2.45	627	208		3.30	341	114	28	3.82	252	84	21
2.50	601	200		3.32	337	112	28	3.84	249	83	21
2.55	578	193		3.34	333	111	28	3.86	246	82	21
2.60	555	185		3.36	329	110	27	3.88	244	81	20
2.65	534	178		3.38	325	108	27	3.90	241	80	20
2.70	514	171		3.40	321	107	27	3.92	239	80	20
2.75	495	165		3.42	317	106	26	3.94	236	79	20
2.80	477	159		3.44	313	104	26	3.96	234	78	20
2.85	461	154		3.46	309	103	26	3.98	231	77	19
2.90	444	148		3.48	306	102	26	4.00	229	76	19
2.95	429	143		3.50	302	101	25	4.02	226	76	19
3.00	415	138	35	3.52	298	100	25	4.04	224	75	19
3.02	409	136	34	3.54	295	98	25	4.06	222	74	19
3.04	404	134	34	3.56	292	97	24	4.08	219	73	18
3.06	398	133	33	3.58	288	96	24	4.10	217	72	18
3.08	393	131	33	3.60	285	95	24	4.12	215	72	18
3.10	388	129	32	3.62	282	94	24	4.14	213	71	18
3.12	383	128	32	3.64	278	93	23	4.16	211	70	18

续附表 1

压痕直径（*d*10，2*d*5 或 4*d*2.5）/mm	在下列负荷 *P*(kg) 下的布氏硬度 HB			压痕直径（*d*10，2*d*5 或 4*d*2.5）/mm	在下列负荷 *P*(kg) 下的布氏硬度 HB			压痕直径（*d*10，2*d*5 或 4*d*2.5）/mm	在下列负荷 *P*(kg) 下的布氏硬度 HB		
	$30D^2$	$10D^2$	$2.5D^2$		$30D^2$	$10D^2$	$2.5D^2$		$30D^2$	$10D^2$	$2.5D^2$
4.18	109	70	17	4.60	170	57	14	5.05	140	47	12
4.20	207	69	17	4.62	169	56	14	5.10	137	46	11
4.22	204	68	17	4.64	167	56	14	5.15	134	45	11
4.24	202	68	17	4.66	166	55	14	5.20	131	44	11
4.26	200	67	17	4.68	164	55	14	5.25	128	43	11
4.28	198	66	17	4.70	163	54	14	5.30	126	42	11
4.30	197	66	16	4.72	161	54	13	5.35	123	41	10
4.32	195	65	16	4.74	160	53	13	5.40	121	40	10
4.34	193	64	16	4.76	158	53	13	5.45	118	39	10
4.36	191	64	16	4.78	157	52	13	5.50	116	39	10
4.38	189	63	16	4.80	156	52	13	5.55	114	38	10
4.40	187	62	16	4.82	154	51	13	5.60	111	37	9
4.42	185	62	16	4.84	153	51	13	5.65	109	36	9
4.44	184	61	15	4.86	152	51	13	5.70	107	36	9
4.46	182	61	15	4.88	150	50	13	5.75	105	35	9
4.48	180	60	15	4.90	149	50	12	5.80	103	34	9
4.50	179	60	15	4.92	148	49	12	5.85	101	34	8
4.52	177	59	15	4.94	146	49	12	5.90	99	33	8
4.54	175	58	15	4.96	145	48	12	5.95	97	32	8
4.56	174	58	15	4.98	144	48	12	6.00	96	32	8
4.58	172	57	14	5.00	143	48	12				

附表 2 压痕对角线与维氏硬度对照表

压痕对角线 /mm	维氏硬度 HV			压痕对角线 /mm	维氏硬度 HV			压痕对角线 /mm	维氏硬度 HV		
	30 kg	10 kg	5 kg		30 kg	10 kg	5 kg		30 kg	10 kg	5 kg
0. 100			927	0. 255	856	285	143	0. 405	339	113	57
0. 105			841	0. 260	823	274	137	0. 410	331	110	55
0. 110			766	0. 265	792	264	132	0. 415	323	108	54
0. 115			701	0. 270	763	254	127	0. 420	315	105	53
0. 120		1288	644	0. 275	736	245	123	0. 425	308	103	51
0. 125		1189	593	0. 280	710	236	118	0. 430	301	100	50
0. 130		1097	549	0. 285	685	228	114	0. 435	298	98	49
0. 135		1030	509	0. 290	661	221	110	0. 440	287	96	48
0. 140		946	473	0. 295	639	213	107	0. 445	281	94	47
0. 145		882	441	0. 300	618	206	103	0. 450	275	92	46
0. 150		824	412	0. 305	598	199	100	0. 455	269	90	45
0. 155		772	386	0. 310	579	193	97	0. 460	263	88	44
0. 160		724	362	0. 315	561	187	93	0. 465	257	86	43
0. 165		681	341	0. 320	543	181	91	0. 470	252	84	42
0. 170		642	321	0. 325	527	176	88	0. 475	247	82	41
0. 175		606	303	0. 330	511	170	85	0. 480	242	81	40
0. 180		572	286	0. 335	496	165	83	0. 485	237	79	39
0. 185		542	271	0. 340	481	160	80	0. 490	232	77	39
0. 190		514	257	0. 345	467	156	78	0. 495	227	76	38
0. 195		488	244	0. 350	454	151	76	0. 500	223	74	37
0. 200		464	232	0. 355	441	147	74	0. 510	214	71	36
0. 205		442	221	0. 360	429	143	72	0. 520	206	69	34
0. 210		421	210	0. 365	418	139	70	0. 530	198	66	33
0. 215		401	201	0. 370	406	136	68	0. 540	191	64	32
0. 220	1149	383	192	0. 375	396	132	66	0. 550	184	61	31
0. 230	1051	351	175	0. 380	385	128	64	0. 560	177	59	30
0. 235	1007	336	168	0. 385	375	125	63	0. 570	171	57	29
0. 240	966	322	161	0. 390	366	122	61	0. 580	165	55	28
0. 245	927	309	155	0. 395	357	119	59	0. 590	160	53	27
0. 250	890	297	148	0. 400	348	116	58	0. 600	155	52	26

续附表 2

压痕对角线 /mm	维氏硬度 HV			压痕对角线 /mm	维氏硬度 HV			压痕对角线 /mm	维氏硬度 HV		
	30 kg	10 kg	5 kg		30 kg	10 kg	5 kg		30 kg	10 kg	5 kg
0. 610	150	50	25	0. 810	85	28	14	1. 050	51	17	8
0. 620	145	48	24	0. 820	83	28	14	1. 100	46	15	
0. 630	140	47	23	0. 830	81	27	14	1. 150	42	14	
0. 640	136	45	23	0. 840	79	26	13	1. 200	39	13	
0. 650	132	44	22	0. 850	77	26	13	1. 250	36	12	
0. 660	128	43	21	0. 860	75	25	13	1. 300	33	11	
0. 670	124	41	21	0. 870	74	25	12	1. 350	31	10	
0. 680	120	40	20	0. 880	72	24	12	1. 400	28	10	
0. 690	117	39	20	0. 890	70	23	12	1. 450	27	9	
0. 700	114	38	19	0. 900	69	23	12	1. 500	25	8	
0. 710	110	37	18	0. 910	67	22	11	1. 550	23		
0. 720	107	36	18	0. 920	66	22	11	1. 600	22		
0. 730	104	35	17	0. 930	64	21	11	1. 650	20		
0. 740	102	34	17	0. 940	63	21	11	1. 700	19		
0. 750	99	33	17	0. 950	62	21	10	1. 750	18		
0. 760	99	32	16	0. 960	60	20	10	1. 800	17		
0. 770	94	31	16	0. 970	59	20	10	1. 850	16		
0. 780	91	31	15	0. 980	58	19	10	1. 900	15		
0. 790	89	30	15	0. 990	57	19	10	1. 950	15		
0. 800	87	29	15	1. 000	56	19	9				